프톨레마이오스가 들려주는 삼각비 1 이야기

수학자가 들려주는 수학 이야기 44

프톨레마이오스가 들려주는 삼각비 1 이야기

ⓒ 허인표, 2008

초판   1쇄 발행일 | 2008년 10월 6일
초판 21쇄 발행일 | 2021년 10월 12일

지은이 | 허인표
펴낸이 | 정은영

펴낸곳 | (주)자음과모음
출판등록 | 2001년 11월 28일 제2001-000259호
주소 | 10881 경기도 파주시 회동길 325-20
전화 | 편집부 (02)324-2347, 경영지원부 (02)325-6047
팩스 | 편집부 (02)324-2348, 경영지원부 (02)2648-1311
e-mail | jamoteen@jamobook.com

ISBN 978-89-544-1563-7 (04410)

• 잘못된 책은 교환해드립니다.

프톨레마이오스가 들려주는

삼각비 1 이야기

| 허 인 표 지음 |

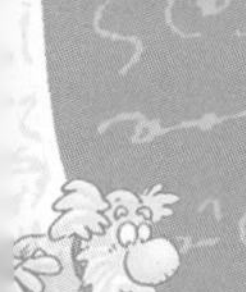

주 자음과모음

수학자라는 거인의 어깨 위에서

보다 멀리, 보다 넓게 바라보는 수학의 세계!

수학 교과서는 대개 '결과'로서의 수학을 연역적으로 제시하는 경향이 강하기 때문에 학생들은 수학이 끊임없이 진화해 왔다는 생각을 하기 어렵습니다. 그렇지만 수학의 역사는 하나의 문제가 등장하고 그에 대해 많은 수학자들이 고심하고 이를 해결하는 가운데 새로운 아이디어가 출현해 온 역동적인 과정입니다.

〈수학자가 들려주는 수학 이야기〉는 수학 주제들의 발생 과정을 수학자들의 목소리를 통해 친근하게 이야기 형식으로 들려주기 때문에 학생들이 수학을 '과거완료형'이 아닌 '현재진행형'으로 인식하는 데 도움이 될 것입니다.

학생들이 수학을 어려워하는 요인 중의 하나는 '추상성'이 강한 수학적 사고의 특성과 '구체성'을 선호하는 학생의 사고의 특성 사이의 괴리입니다. 이런 괴리를 줄이기 위해서 수학의 추상성을 희석시키고 수학 개념과 원리의 설명에 구체성을 부여하는 것이 필요한데, 〈수학자가 들려주는 수학 이야기〉는 수학 교과서의 내용을 생동감 있게 재구성함으로써 추상적인 수학을 구체성을 갖는 수학으로 변모시키고 있습니다. 또한 중간중간에 곁들여진 수학자들의 에피소드는 자칫 무료해지기 쉬운 수학 공부에 있어 윤활유 역할을 할 수 있을 것입니다.

〈수학자가 들려주는 수학 이야기〉의 구성을 보면 우선 수학자의 업적을 개략적으로 소개하고, 6~9개의 강의를 통해 수학 내적 세계와 외적 세계, 교실 안과 밖을 넘나들며 수학 개념과 원리들을 소개한 후 마지막으로 강의에서 다룬 내용들을 정리합니다. 이런 책의 흐름을 따라 읽다 보면 각 시리즈가 다루고 있는 주제에 대한 전체적이고 통합적인 이해가 가능하도록 구성되어 있습니다.

〈수학자가 들려주는 수학 이야기〉는 학교 수학 교과 과정과 긴밀하게 맞물려 있으며, 전체 시리즈를 통해 학교 수학의 많은 내용들을 다룹니다. 예를 들어 《라이프니츠가 들려주는 기수법 이야기》는 수가 만들어진 배경, 원시적인 기수법에서 위치적 기수법으로의 발전 과정, 0의 출현, 라이프니츠의 이진법에 이르기까지를 다루고 있는데, 이는 중학교 1학년의 기수법의 내용을 충실히 반영합니다. 따라서 〈수학자가 들려주는 수학 이야기〉를 학교 수학 공부와 병행하면서 읽는다면 교과서 내용의 소화 흡수를 도울 수 있는 효소 역할을 할 수 있을 것입니다.

뉴턴이 'On the shoulders of giants'라는 표현을 썼던 것처럼, 수학자라는 거인의 어깨 위에서는 보다 멀리, 넓게 바라볼 수 있습니다. 학생들이 〈수학자가 들려주는 수학 이야기〉를 읽으면서 각 수학자들의 어깨 위에서 보다 수월하게 수학의 세계를 내다보는 기회를 갖기 바랍니다.

홍익대학교 수학교육과 교수 | 《수학 콘서트》 저자 박 경 미

세상의 진리를 수학으로 꿰뚫어 보는 맛
그 맛을 경험시켜 주는 '삼각비 1' 이야기

"창조적 상상력은 어린아이와 같은 순진무구한 질문에서 나온다. 질문하지 않으면 호기심이 죽고 호기심이 죽으면 창의력이 실종된다."

스탠포드대학교에서 한 사람의 5세와 45세 때를 비교 연구한 적이 있습니다. 그런데 그 결과가 몹시 흥미롭게 나왔습니다. 우선 5세 때는 하루에 창조적인 과제를 98번 시도하고, 113번 웃고, 65번 질문을 했다고 합니다. 그런데 45세가 되고 나서는 하루에 창조적인 과제를 2번 시도하고, 11번 웃고, 6번 질문을 한다고 합니다.

상상과 창조는 질문을 먹고 삽니다. 모르는 것을 묻는 5분 동안은 바보가 될 수도 있습니다. 하지만 모르는 것을 묻지 않고 사는 사람은 영원히 바보가 되고 맙니다. 여러분도 지금 자기 자신에게 질문해 보세요. 무엇을 알고 무엇을 더 알고 싶은지.

저는 감히 얘기합니다. 일상과 자연 현상에 대한 궁금증을 품은 여러분은 이미 그런 생각만으로도 한 단계 높은 꿈과 이상을 실현하고 있다는 것을 말입니다.

수학은 다른 학문과는 달리 어떤 현상을 눈으로 보고 실험하여 수양

하는 학문이라기보다는 많은 사고와 끊임없는 노력을 요구하는 학문입니다. 그러기에 수학은 금방 배운 지식을 이용해 눈에 보이는 이익을 창출하기는 힘이 듭니다. 그래서 그런지 내가 수학을 배워 어디다 써야 할지 모르겠다는 학생들이 많습니다. 그런 학생들은 단지 대학 입시 준비를 위해 오늘도 수학을 배운다는 생각을 하게 마련이므로 단 한 장의 수학책을 넘기기도 어려울 것입니다.

유클리드로부터 제 1정리를 배운 한 제자가 "선생님, 이 정리를 알게 됨으로써 어떤 소득이 있습니까?"라고 물었더니 유클리드는 그 제자를 밖으로 내쫓으며 이렇게 말했다고 합니다. "저 사람에게 동전 한 닢을 던져 주어라. 저 사람은 무엇이든지 자기가 배운 것으로부터는 꼭 본전을 찾으려는 인간이니까!"라고 했다고 합니다.

수학을 공부하는 여러분은 스스로에게 창조적인 질문을 함으로써 자신에게 한 단계 높은 사고력과 판단력, 그리고 논리력을 제공해 주는 일을 하고 있는 것입니다. 창조적인 생각과 질문만이 자신의 모든 것을 바꿀 수 있다는 것을 잊지 말고 그 기회를 놓치지 않길 기원합니다.

2008년 9월 허 인 표

 이 책은 달라요

세상에서 가장 안정되고 작은 선으로 이루어진 것이 바로 삼각형입니다. 사진기 받침대도 세 개의 발로 이루어져 있는 것을 알 수 있습니다. 《프톨레마이오스가 들려주는 삼각비 1 이야기》는 이러한 삼각형의 성질을 이용하여 삼각비에 대하여 설명하였습니다.

일상생활에서 쉽게 접할 수 있는 미끄럼틀과 아이스크림 등 놀이기구와 사물 그리고 피라미드와 같은 먼 나라에 있는 고대 건축물을 이용하여 재미있는 볼거리를 이용한 학습이 이루어질 수 있도록 하였습니다.

우리나라 전래동화 중 흥부와 놀부를 재구성하여 책이 전개되었기에 부담 없이 삼각비에 대한 이야기를 이해할 수 있습니다. 삼각비의 성질과 정의 그리고 활용까지 자세히 정리하였기에 내용을 쉽게 이해할 수 있게 되어 있습니다.

② 이런 점이 좋아요

1 30cm자 하나로 학교 건물의 높이를 잴 수 있는 방법을 가르쳐 드립니다. 삼각비를 이용하면 쉽게 구할 수 있기 때문입니다. B.C. 500년 전부터 삼각비를 이해하고 적용하기 위한 다양한 연구와 노력이 있었기에 지금 우리는 손쉽게 길이와 넓이를 구할 수 있습니다. 그래서 이 책을 읽다보면 자연스럽게 길이와 높이 등을 잴 수 있게 됩니다.

2 쉽게 이해하기 힘든 삼각비의 성질을 여러 상황과 이야기로 알기 쉽게 설명하였습니다. 학습하기 힘든 삼각비를 거부감 없이 즐기면서 배워 나갈 수 있게 하였습니다.

3 고등학생에게는 삼각함수에서 배워야 하는 기초적인 지식을 알게 하였고, 다른 설명 없이 읽은 내용만으로 문제를 해결할 수 있게 하였습니다. 또한 대학 입시에서 중요한 수리 논술을 준비하는 데 도움이 될 내용으로 만들었습니다.

교과 과정과의 연계

구분	학년	단원	연계되는 수학적 개념과 내용
초등학교	2학년	기본적인 평면도형	선분, 직선, 삼각형, 사각형을 이해한다.
	3학년	각과 평면도형	직각삼각형, 직사각형, 정사각형을 이해한다.
	4학년	각도	삼각형과 사각형의 내각의 크기
중학교	2학년	작도와 합동	삼각형의 결정조건과 합동조건
	3학년	삼각비	삼각비의 뜻, 삼각비 값, 활용
고등학교	1학년	삼각함수	삼각함수의 정의

 수업 소개

첫 번째 수업 _ 삼각형의 닮음조건

삼각형이 닮음조건을 만족하는 경우에는 어떤 것들이 있는지 자세히 알아봅니다.

- 선수 학습 : 삼각형의 합동
- 공부 방법 : 데칼코마니와 테셀레이션 등이 겹쳐졌을 때, 늘 같은 도형이 되는 것들이 있는지 확인하여 SAS닮음, ASA닮음, AA

닮음에 대하여 배웁니다.

- 관련 교과 단원 및 내용
- 초등학교 5학년 : 합동과 대칭 단원에서 배우는 합동의 기본 개념
  을 이용하여 닮음조건에 대하여 학습합니다.
- 중학교 2학년 : 도형의 닮음 단원에서 닮음의 의미를 이해하고, 삼
  각형의 닮음조건과 직각삼각형의 합동조건을 연결시킵니다.

두 번째 수업 _ 직각삼각형과 삼각비

직각삼각형의 닮음조건을 만족하면 각 변은 일정한 비를 가지게 됩니
다. 이러한 일정한 비를 삼각비라고 하는데 한 각기준각이 결정되면 삼각
비는 일정한 값을 갖게 됩니다.

- 선수 학습 : 피타고라스의 정리
- 공부 방법 : 직각삼각형에서 빗변과 밑변 그리고 높이에 대한 제곱
  의 합이 같음을 알아보고, 피타고라스의 정리를 통해 삼각비를 구
  합니다.
- 관련 교과 단원 및 내용
- 중학교 3학년 : 피타고라스의 정리에 대하여 식의 관계식을 알아
  보고 삼각비에 적용되는 과정을 이해합니다.
- 고등학교 1학년 : 삼각비의 값을 이용하여 삼각함수를 정의해 봅
  니다.

– 고등학교 수리 논술 준비에 필요한 피타고라스의 정리와 삼각비의 정의와 역사적 배경을 익힐 수 있습니다.

세 번째 수업 _ 좌표평면의 사분면

수직선에서 평면으로 확장함에 있어 사분면의 개념을 이해하고 사분면에서의 삼각비의 값이 일정함을 알아봅니다. 그리고 좌표평면에서 단위원 위에서의 특수각에 대한 삼각비의 값이 어떻게 만들어졌는지 알아보도록 합니다.

- 선수 학습 : 이차함수의 그래프
- 공부 방법 : 좌표평면에서 반지름이 1인 단위원을 그려 단위원 내에 직각삼각형의 삼각비도 각에 따라 같은 조건으로 바뀌는 것을 확인하며 공부합니다.
- 관련 교과 단원 및 내용
– 중학교 2학년 : 이차함수의 그래프를 이해합니다.
– 고등학교 1학년 : 삼각비의 역수를 알고 익힙니다.
– 고등학교 수리 논술 준비에 있어 삼각비의 역수에 대한 정의를 익힐 수 있습니다.

네 번째 수업 _ 삼각형의 넓이

밑변과 높이를 알아야 구할 수 있었던 삼각형의 넓이를 두 변과 끼인각을 알면 구할 수 있음을 배워 봅니다.

- 선수 학습 : 삼각형의 넓이

- 공부 방법 : 두 변과 끼인각을 알면 삼각비를 이용하여 쉽게 삼각형
  의 넓이를 구할 수 있게 됩니다.

- 관련 교과 단원 및 내용

- 중학교 2학년 : 삼각형의 넓이

- 고등학교 1학년 : 사인법칙과 코사인법칙

- 고등학교 수리 논술 준비에 있어 삼각형의 넓이와 삼각비의 관
  계에 대하여 알 수 있습니다.

다섯 번째 수업 _건물의 높이 구하기

주변에 있는 나무의 높이나 건물의 높이, 길이를 쉽게 구하는 방법에 대
하여 알아봅니다.

- 선수 학습 : 삼각형의 넓이

- 공부 방법 : 한 변의 길이와 끼인각을 알 때 손쉽게 건물의 높이를
  구할 수 있습니다.

- 관련 교과 단원 및 내용

- 초등학교 : 주위 건물이나 산의 높이를 구할 수 있습니다.

- 고등학교 1학년 : 사인법칙과 코사인법칙

- 고등학교 수리 논술 준비에 있어 실생활과 연관된 문제 해결에 도
  움을 줍니다. 가령, 건물의 높이를 구하는 문제나 호수의 직경을
  구할 수 있습니다.

프톨레마이오스를 소개합니다

Klaudios Ptolemaeos （85?~165?）

옛날 사람들은 우주 중심에 지구가 위치하고 있으며

지구 주위로 태양과 달을 포함한

모든 별과 행성들이 궤도를 그리며 돌고 있다고 생각했습니다.

그들의 생각을 천동설이라고 하는데

그리스 사람들의 우주관과 기하학적 설명이 큰 영향을 미쳤습니다.

당시, 신의 창조물인 지구가 우주의 중심이라는 생각에는

누구도 반기를 들 수가 없었습니다.

프톨레마이오스 또한 그런 주장의 핵심인물이죠.

하지만, 코페르니쿠스 이후 천동설은 점차 힘을 잃어 갔습니다.

이제 사람들은 누구나 천동설이 아닌 지동설을 인정합니다.

그러나 오래전 그의 틀린 생각은 우리에게 여전히

많은 상상력과 가르침을 던져 주고 있습니다.

나는 프톨레마이오스라고 합니다. 영어이름으로 톨레미 Ptolemy라고 부르기도 하지요.

여러분은 자신의 생일을 기억하겠지만 나는 서기 85년경에 그리스에서 태어났다는 것 밖에는 알고 있지 못합니다. 나는 천문학자이자 수학자이며, 지리학자입니다. 지금으로 따지자면 박사 학위를 3개나 가지고 있었다고 생각하면 됩니다. 그만큼 나는 많은 것들에 관심이 있었어요.

지금 여러분은 지구가 태양 주위를 돌고 있다는 사실을 잘 알고 있지만, 내가 살던 시대에는 모든 행성들이 지구 주위를 돌고 있다고 생각했습니다. 내가 생각한 이 이론을 사람들은 천동설이라고 합니다. 그런데 1543년, 폴란드의 천문학자인 코페르니쿠스는 지구가 태양의 주위를 돌고 있다고 발표하였고, 그제야 나의 생각이 틀렸음이 밝혀졌지요. 하지만, 나는 기뻤답니다. 나의 틀린 생각이 인류가 한 단계 진보하는 데 밑거름이 되었다고 생각하기 때문입니다.

나는 수학적으로도 매우 뛰어난 능력을 가지고 있었습니다. 덕분에 이 자리에서 여러분께 삼각비를 설명하고 있는 것이니까요. 나는 기하학 분야에서 새로운 증명과 정리를 만들고 《아날렘마Analemma》라는 책에서 천구면天球面 : 지구에서 무한대 거리에 있으며, 그 면에 우주 공간의 물체가 위치하고 있는 것처럼 보이는 가상의 구에 있는 점을 수평면, 자오선면, 수직면으로 구성되는 서로 직각인 3개의 평면에 사상시키는 문제에 대하여 자세히 이야기했어요. 그리고 《행성가설 Hypotheseis tn planmenn》이라는 책을 포함한 두 권의 책과, 3차원 공간 이상은 없다는 것을 증명한 것 그리고 에우클레이데스가 고안한 평행선에 대한 가정을 증명하려고 시도한 것이 포함되어 있는 두 권의 기하학에 관한 책을 집필했어요.

안녕하세요.
천문학자겸 수학자, 지리학자인 프톨레마이오스입니다.
내가 유명한 건 천동설을 이론적으로 설명했기 때문이죠.
해
지구
달
나는 '위대한 책'이란 뜻의 〈알마게스트〉라는 책에서 지구가 우주의 중심이라고 했습니다.
알마게스트
알마게스트는 진리이자 교과서지.
너무도 완벽한 이론이야.
하늘엔 뚜껑이 달려 있어서 지구를 중심으로 달과 태양, 수성, 금성 등의 행성들이 돌고 있습니다.
1543년
우주의 중심은 지구가 아니라 태양입니다.
그래도 지구는 돈다.
코페르니쿠스
갈릴레이
쩝~ 나중에 내 이론이 틀린 게 밝혀졌지만 사람들이 진실을 알게 됐으니 기뻐해야겠죠.
오늘은 천문학자 프톨레마이오스가 아닌 수학자 프톨레마이오스로 여러분을 만날 겁니다.
나는 기하학 분야에서 새로운 증명과 정리를 만들고 〈아날렘마〉, 〈행성가설〉 등 훌륭한 책도 많이 썼습니다.
아날렘마
행성가설
하하
나와 함께 삼각비 여행을 떠납시다.
go, go!!

그리고 내 자랑 같지만 음악도 잘했답니다. 음악에 관한 세 권 짜리 논문인 〈화성악 Harmonica〉도 내가 썼어요.

자, 이제 내 자랑은 그만하고 여러분과 함께 삼각비 여행을 떠나 볼까합니다. 안전벨트 꼭 매고, 자~ 삼각비의 나라로 출발합니다.

삼각형의
닮음조건

합동과 닮음에 대해 알아보고
닮음도형의 뜻을 배워봅니다.

첫 번째 학습 목표

1. 삼각형이 닮음조건을 만족하기 위한 경우가 어떤 것인지 알 수 있습니다.

2. 직각삼각형의 닮음조건을 이용하여 삼각형의 비가 일정하다는 것을 알 수 있습니다.

미리 알면 좋아요

대응변과 대응각 합동 또는 닮은꼴인 다각형에서, 어떤 대응에 의하여 서로 대응하는 변을 대응변이라 하고, 서로 대응하는 각을 대응각이라고 합니다.

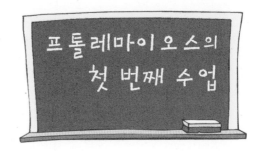

오늘은 직각삼각형과 도형의 닮음에 대하여 알아보겠습니다.

▨삼각형의 닮음 조건

우리 교실에서 닮은 도형이 되는 것은 어떤 것들이 있을까요?

먼저 혜원이가 말해 볼까요?

"책상과 칠판요."

그래요! 아주 잘 말해 주었어요. 그런데 지금 혜원이가 말한 책

상과 칠판은 모두 사각형이니까 닮은 도형이라고 말할 수 있을까
요?

"예! 맞아요!"

책상과 칠판은 모두 사각형이니까 닮은 모습이라고 할 수는 있습
니다. 그런데 사각형이라고 모두 닮음도형이라고 할 수는 없어요.

지금 내가 들고 있는 이런 그림도 모두 사각형입니다.

프톨레마이오스가 들려주는 삼각비 1 이야기

앞의 사각형들이 모두 닮았다고는 말 못하겠죠? 사각형이라고 해서 모든 사각형이 닮음도형은 아닙니다. 여기서 헷갈리기 쉬운 것이 있어요, 바로 합동과 닮음이라는 것입니다. 우선 합동이란, 지금 여러분이 쓰고 있는 책상처럼 두 개 이상을 겹쳤을 때, 모양과 크기 모두가 같은 경우를 합동이라고 합니다. 하지만 책상과 네모난 도시락처럼 서로 닮은 듯하지만 그러나 닮음도형은 아닌 경우가 있습니다.

그럼, 이제부터 어떤 경우에 닮음이라 하고 어떤 경우에 닮음이 아니라고 하는지 우리가 쉽게 볼 수 있는 복사용지를 예로 들어 설명하겠습니다.

우리가 사용하는 복사용지는 제지소에서 만들어진 큰 규격의 전지를 여러 번 잘라서 만들어 낸답니다. 커다란 전지를 절반으로 자르는 과정을 여러 번 반복하다 보면 아무래도 자르고 남은 작은 종이 쪼가리들이 생기게 마련인데요. 제지소 주인이라면 가능한 이와 같은 낭비를 줄이고 싶겠죠? 그래서 처음부터 전지를 만들 때, 여러 번 같은 규칙으로 잘라도 버려지는 자투리 종이가 생기지 않도록 한답니다. 이때에도, 바로 닮음이라는 개념이 적

용되는데요. 현재 우리가 사용하고 있는 복사용지는 독일공업규
격위원회에서 제안한 것으로 A판, B판 두 종류가 있습니다. 여
기서는 A판에 대해서만 알아볼게요.

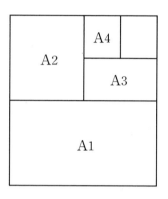

위에 있는 그림은 A판 전지를 나누어 자르기 전의 모양을 그
려놓은 것입니다. A판 전지를 절반으로 자른 것이 A1, A1을 다
시 절반으로 자른 것이 A2, A2를 절반으로 자른 것이 A3, A3
를 절반으로 자른 것이 바로 우리가 가장 많이 사용하고 있는 A4
용 복사지입니다. 보면 알겠지만, 모든 종이들은 이전 종이의 절
반으로 잘랐기 때문에 네 각은 모두 90°로 똑같습니다.

그런데 A2용지와 A4용지는 어떤 관계가 있을까요?

바로 앞에서 말했던 닮음의 관계가 성립합니다. 가로와 세로

모두 A4용지의 두 배가 되는 닮음이 되는 것입니다. 따라서 A2 용지의 가로 세로의 길이는 각각 420mm, 594mm가 됩니다.

그러면 A3, A5용지는 A4용지와 닮음일까요? 아닐까요?

정답부터 말하자면 복사용지는 모두 닮음입니다. 가로와 세로의 비가 일정하고 모든 각이 90°로 같은 경우이기 때문입니다. 그러므로 닮음입니다.

자, 이제 여러분이 읽고 있는 이 책과 복사용지를 한번 비교해 보세요. 둘 다 네 각을 가진 사각형이며 생김새도 비슷합니다. 닮았다고 말할 수도 있죠. 하지만 적어도 우리 수학시간에만은 이 둘은 닮음도형이 아니라는 것을 꼭 기억합시다. 이 둘은 닮은 듯, 그러나 닮음도형이 아닙니다.

A4용지와 《프톨레마이오스가 들려주는 삼각비 1 이야기》는

모든 각이 90°로 일정하지만 가로와 세로의 비는 같지 않습니다.

<table>
<tr><td>A4용지</td><td></td></tr>
</table>

다시 한 번 기억합시다. 가로 세로의 비가 일정하고 모든 각이 같은 경우에 두 사각형은 닮음이라고 할 수 있습니다.

그럼 이제 가로 세로의 비가 같은 책상과 칠판이 닮음도형이 되기 위해서는 어떤 조건이 있어야 하는지 알아보도록 합니다.

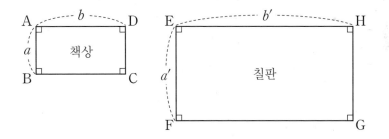

책상과 칠판의 모든 각이 ∠90°일 때, $\dfrac{\overline{EF}}{\overline{AB}} = \dfrac{\overline{FG}}{\overline{BC}} = \dfrac{\overline{GH}}{\overline{CD}}$ $= \dfrac{\overline{EH}}{\overline{AD}}$ $\dfrac{a'}{a} = \dfrac{b'}{b}$ 가 성립하면 책상과 칠판을 닮음도형이라고 말할 수 있어요. 즉, 각 변의 길이의 비가 같고 대응하는 각의 크기가

같으면 두 도형은 닮았다고 할 수 있습니다.

우리 주변에는 이렇게 닮음도형이 많이 있어요. 우선 태극기는 모두 다 닮음도형이라고 할 수 있습니다. 크기는 다르지만 가로 세로의 비가 항상 일정해야 하니까요. 그리고 원은 다 닮음도형 이라고 할 수 있습니다. 원은 반지름만 결정되면 어떤 원이든 항상 닮음도형이 됩니다. 그래서 큰 원이든 작은 원이든 모두 닮음 이 되는 것입니다.

이제, 두 삼각형의 닮음에 대하여 알아볼까요? 자, 그럼 두 삼각형 △ABC와 △DEF를 그려 보아요.

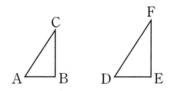

삼각형의 닮음조건은 세 가지가 있어요. 이 세 가지 조건 중 하나라도 성립하면 두 삼각형은 닮음삼각형이라고 말합니다.

(1) 두 쌍의 대응변의 길이의 비가 같고, 그 끼인각의 크기가 같

을 때입니다.

(2) 세 쌍의 대응변의 길이의 비가 같을 때입니다.

(3) 두 쌍의 대응각이 각각 같을 때입니다.

① 첫 번째로 두 쌍의 대응변의 길이의 비가 같고, 그 끼인각의 크기가 같을 때입니다.

자! 내가 지금 삼각뿔로 된 '맛있다콘'을 여러분께 하나씩 드릴 게요. 우선 맛있게 먹고 껍데기는 버리지 말고 가지고 있으세요. 다 먹었으면 껍데기를 납작하게 눌러 보세요. 그리고 밑에 있는 부분을 한번 잘라 보세요. 자, 어떤 도형이 되었나요?

아래 그림처럼 이등변 삼각형이 되는 것을 알 수 있습니다.

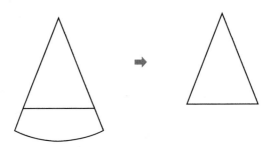

자, 여러분이 자른 껍데기들은 각기 밑을 어떻게 잘랐느냐에 따라 그 크기가 다르죠? 먼저 예철이와 수현이가 자른 '맛있다 콘'의 삼각형 크기를 비교해 볼까요?

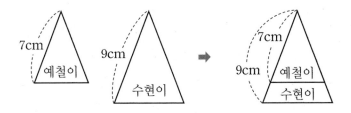

예철이는 7cm로 잘랐고 수현이는 예철이보다 조금 더 길게 9cm를 잘랐으니 두 삼각형은 전혀 다른 삼각형이 되는 것일까요? 아니면 닮음삼각형이 되는 것일까요?

단, 예철이와 수현이는 밑면을 모두 평행하게 잘라 냈다고 가정합시다. 이렇게 만든 두 삼각형을 한곳에 놓고 비교하면 예철이가 만든 삼각형이 수현이가 만든 삼각형과 같은 모양을 하고 있다는 것을 알 수 있습니다.

이와 같이 같은 삼각형을 밑변과 평행하게 자르면 자르기 전과 자른 후에 나타난 삼각형은 모두 닮음삼각형이 된다는 것을 알 수 있습니다.

즉, 아래 그림처럼 $\dfrac{\overline{DE}}{\overline{AB}} = \dfrac{\overline{EF}}{\overline{BC}}$와 $\angle B = \angle E$가 성립하면 마찬가지로 두 삼각형은 닮음삼각형이 됩니다. 이와 같이 두 쌍의 대응변의 길이의 비가 같고 그 끼인각의 크기가 같을 때, 이런 닮음삼각형을 SAS닮음이라고 합니다S=변, A=각.

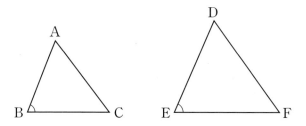

　닮음을 이야기할 때, 복사용지에 대하여 이야기했었죠. 복사용지에서도 삼각형의 닮음을 이야기할 수 있어요. A2용지와 A4용지를 아래 그림과 같이 대각선으로 잘라 두 삼각형을 비교하면각 변의 길이는 항상 비례하고 그 끼인각이 직각이므로 두 삼각형은 닮음삼각형이 됩니다. 이러한 닮음삼각형을 SAS닮음이라고 할 수 있겠죠?

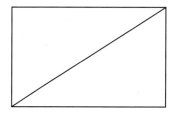
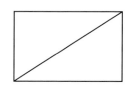

② 이제 두 번째로 세 쌍의 대응변의 길이의 비가 같을 때 닮음 삼각형이 되는 경우에 대하여 알아보도록 하겠습니다.

여러분은 헤로도토스의 세계 7대 불가사의 '마음으로 헤아릴 수 없는 오묘한 이치' 라는 뜻으로, 수의 단위로는 10^{64}을 의미합니다를 알고 있나요? 헤로도토스의 세계 7대 불가사의는 다음과 같아요. 먼저, 기자 이집트의 지역의 피라미드를 들 수 있습니다. 7대 불가사의 중 가장 오래되었고 지금까지 유일하게 현존하는 건축물입니다.

다음으로 바빌론의 공중 정원이라는 것이 있는데, 이것은 삼무라마트 여왕 혹은 네부카드네자르 2세가 지었다고 알려진 것으로 계단식 조경 정원이랍니다. 그리고 올림피아의 제우스 상은 B.C. 430년경 아테네의 피디아스가 제작한 것으로, 보위에 앉아 있는 제우스 신의 거대하고도 화려한 조각입니다. 또 에페소스의 아르테미스 신전은 거대한 규모와 예술장식품으로 유명한 건축이며, 할리카르나소스의 마우솔레움은 왕비 아르테미시아가 지었다고 하는 아나톨리아의 왕 마우솔로스의 거대한 무덤입니다. 로도스의 거상은 로도스 섬의 포위 종식을 기념하기 위해 로도스 항에 만든 거대한 청동상입니다. 끝으로 파로스 섬의 등대는 이집트의 프톨레마이오스 2세가 B.C. 280년경 알렉산드리아 앞 파로스 섬에 세운 고대의 가장 유명한 등대입니다.

헤로도토스의 세계 7대 불가사의를 간략하게나마 설명했습니다. 그중에서 우리는 피라미드를 이용하여 공부하고자 합니다. 크기가 다른 두 피라미드가 서로 닮음삼각형이 되는 것에 대하여 알아볼까요. 즉, 세 쌍의 대응변의 길이의 비가 같을 때입니다.

내가 들고 있는 이 사진을 보세요. 기자의 피라미드라는 것입니다.

두 피라미드의 높이는 다르지만 서로 닮음삼각형의 형태를 띠고 있다는 것은 금방 알 수 있죠? 세 변의 길이의 비가 같기 때문입니다. 오래된 건축물이지만 모든 것이 다 똑같은 모양으로 만들어졌다는 것이 놀라울 따름입니다.

아래 그림처럼 $\dfrac{\overline{DE}}{\overline{AB}} = \dfrac{\overline{EF}}{\overline{BC}} = \dfrac{\overline{FD}}{\overline{CA}}$ 일 때, 두 삼각형은 닮음

삼각형이 됩니다. 세 쌍의 대응변의 길이의 비가 같을 때, 이런 닮음삼각형을 SSS닮음이라고 합니다.

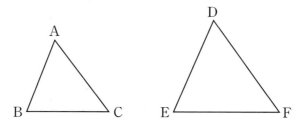

그럼 이 두 삼각형도 어떻게 닮음삼각형이 되는지 한번 생각해 볼까요?

사진을 찍을 때 손의 떨림으로 인해 사진이 흔들려 원하는 사진을 찍을 수 없는 경우가 있습니다. 멋진 모습으로 사진을 촬영하고 난 후 손의 떨림 때문에 애써 촬영한 사진이 마음에 들지 않을 때가 많이 있습니다. 이와 같이 사진을 찍을 때 흔들림 없이 안정적으로 사진을 촬영할 수 있게 해 주는 것을 삼각대라고 합니다. 그럼 왜 사각대를 사용하지 않고 삼각대를 사용할까요?

여러분은 학교에서 의자나 책상이 균형이 맞지 않아 흔들리는 것을 경험한 적이 있나요? 사각형은 네 개의 점이 동일한 평면에 위치해야 흔들리지 않습니다. 하지만 삼각형은 세 개의 점이 어

프톨레마이오스가 들려주는 삼각비 1 이야기

떤 평면에 있든 동일하게 놓이는 성질을 가지고 있습니다. 따라서 가장 쉽게 균형을 유지할 수 있는 도형이 바로 삼각형입니다. 그래서 사진을 찍을 때 삼각대를 사용하는 것이고, 과학 실험을 할 때 삼각대가 있는 이유이기도 합니다.

자! 이것이 바로 사진을 찍을 때 사용하는 삼각대들입니다.

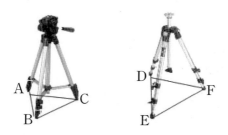

두 개의 삼각대를 지금과 같이 두 다리 B, C를 먼저 땅에 대고 나머지 A 다리를 펴서 땅에 닿도록 했을 때의 삼각형과, 세 다리를 모두 빼서 길게 만든 다음 두 다리 E, F를 먼저 땅에 대고 나머지 다리 D를 펴서 땅에 닿도록 했을 때의 두 삼각형은 변의 길이가 늘 일정하게 같으므로 닮음이라고 할 수 있습니다.

이러한 닮음삼각형을 SSS닮음이라 할 수 있겠죠?

③ 이제 마지막으로 두 쌍의 대응각이 각각 같을 때 닮음삼각형이 되는 조건을 연필과 30cm자를 이용하여 여러분께 설명하고자 합니다.

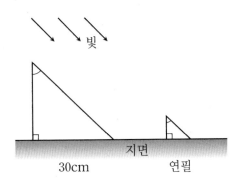

이런 현상은 우리 주변에서 찾아볼 수 있습니다. 자, 이제 각자 운동장에서 학용품을 하나씩 꺼내어 볼까요? 우선 연필 한 자루와 30cm자를 지면과 수직이 되게 세우면 두 삼각형은 반드시 닮음삼각형이 되는지 알 수 있어요. 이때, 빛은 항상 평행하게 비춘다고 할 때, 위의 그림과 같이 연필과 30cm자를 지면과 수직으로 세우면 지면에 그려지는 그림자는 그림과 같은 삼각형이 되고 이 두 삼각형은 닮음삼각형이 됩니다. 다시 말하면, 연필과 30cm자는 지면과 수직이 되고 이때 연필과 30cm자에 비추어진 빛은 항상 평행하므로 그림자의 각은 항상 같은 각이 됩니다. 따라서 삼각형에서 두 각이 같으므로 두 삼각형은 닮음삼각형이 되고 이러한 닮음삼각형을 AA닮음이라 합니다.

즉, ∠B＝∠E, ∠C＝∠F가 성립하면 두 삼각형은 닮음삼각형이 됩니다. 두 쌍의 대응각이 각각 같을 때 이런 닮음삼각형을 AA닮음이라고 합니다.

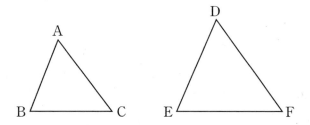

그런데 왜 두 각만 같으면 둘은 닮음삼각형이 될까요? 나머지 ∠A와 ∠D도 같아야 하는 것이 아닐까요? 삼각형의 성질을 알면 쉽게 이해할 수 있어요. 삼각형의 세 내각의 합은 180°입니다. 따라서, ∠B＝∠E, ∠A＝180°−(∠B＋∠C)가 됩니다. 따라서 ∠A와 ∠D는 서로 같게 되고 삼각형의 세 각 중 대응하는 두 각만 같으면 닮음삼각형이 되는 겁니다.

이와 같이 세 변의 길이가 같은 경우, 두 대응변의 비가 같고 끼인각이 같은 경우, 마지막으로 세 각의 크기가 같은 경우를 삼각형의 닮음조건이라고 합니다.

지금까지 삼각형의 닮음에 대하여 알아보았습니다. 지금까지 알고 배운 삼각형의 닮음을 이용하여 직각삼각형의 숨겨진 비밀을 알아볼까요?

▨닮음직각삼각형 속에 숨겨진 일정한 비

이번에는 삼각형 중에서 직각삼각형 속에 숨겨져 있는 닮음조건을 찾아보도록 해요. 우선 모눈종이를 꺼내서 직각삼각형을 그려 볼게요.

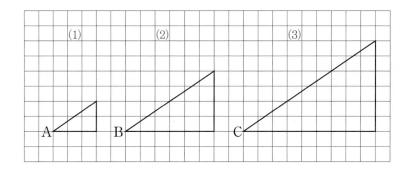

(1)번 삼각형의 각 변의 길이를 두 배로 늘인 삼각형이 (2)번 삼각형이고, 세 배로 늘인 삼각형이 (3)번 삼각형입니다. 이때, 각 삼각형의 밑변과 높이를 구하여 세 삼각형의 관계를 알아보도록 하겠습니다.

(1)번 삼각형에서 밑변과 높이의 비를 구하면 $\dfrac{(높이)}{(밑변)} = \dfrac{2}{3}$가 됩니다. 그리고 (2)번 삼각형도 마찬가지 방법으로 밑변과 높이의 비를 구하면 $\dfrac{(높이)}{(밑변)} = \dfrac{4}{6}$가 되므로, (3)번 삼각형에서 $\dfrac{(높이)}{(밑변)} = \dfrac{6}{9}$이 됩니다.

이때, (2)번 삼각형과 (3)번 삼각형의 비를 구하면 $\dfrac{4}{6} = \dfrac{6}{9} = \dfrac{2}{3}$가 되므로 (1)번, (2)번, (3)번 삼각형의 비는 모두 일정하다는 것을 알 수 있습니다. 따라서 세 변의 비가 일정하므로 닮음삼각형SSS닮음이 됩니다.

이때, 세 삼각형은 모두 직각삼각형이므로 한 각은 직각으로 서로 같고 ∠A, ∠B, ∠C의 크기도 서로 같으므로 세 각이 모두 같은 삼각형이 되므로 세 삼각형은 닮음삼각형AA닮음이 되는 것을 알 수 있습니다. 따라서 직각삼각형 ABC에서 직각이 아닌 다른 한각 ∠A의 크기가 결정되면 삼각형의 크기에 관계없이 닮음삼각형AA닮음이 되는 것입니다.

오늘 공부한 내용을 가지고 여러분 주위에 어떤 것들이 닮음도형이 되는지 알아보도록 하세요. 다음 시간에는 우리가 알고 싶어 하고 배우고자 하는 삼각비에 대하여 알아보도록 합시다.

❶ 각 변의 길이의 비가 같고 대응하는 각의 크기가 같으면 두 도형은 닮음이라 합니다.

❷ 다음 세 가지 중에 하나만 성립하면 닮음삼각형이라 합니다.

(i) 두 쌍의 대응변의 길이의 비가 같고, 그 끼인각의 크기가 같을 때입니다.

(ii) 세 쌍의 대응변의 길이의 비가 같을 때입니다.

(iii) 두 쌍의 대응각이 각각 같을 때입니다.

❸ 직각삼각형 ABC에서 직각이 아닌 다른 한 각의 크기가 결정되면 삼각형의 크기에 관계없이 닮음삼각형AA닮음이 됩니다.

직각삼각형과
삼각비

자가 없어도 삼각형의 길이를 잴 수 있는 방법,
삼각비에 대해 알아봅니다.

직각삼각형의 삼각비를 구할 수 있습니다.

미리 알면 좋아요

1. 피타고라스의 정리　오른쪽 그림과 같이 한 각이 직각인 직각삼각형에서 빗변의 제곱이 나머지 두 변의 제곱의 합과 같은 것을 피타고라스의 정리라고 합니다. 식으로 나타내면 다음과 같습니다.

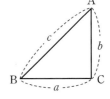

$$a^2 + b^2 = c^2$$

2. 삼각비　세 각이 같은 삼각형이 닮음삼각형이라 할 때, 직각삼각형에서 한 각이 직각이고 다른 한 각이 같을 때, 삼각형의 비가 일정하게 됩니다. 이때, 일정한 삼각형의 비를 삼각비라 합니다.

3. 기준각　직각삼각형에서 직각 이외에 다른 한 각의 크기를 가지고 삼각비를 결정하는 각을 기준각이라 합니다.

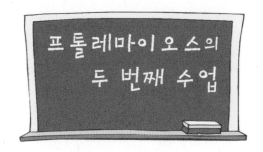

프톨레마이오스의
두 번째 수업

▨직각삼각형과 삼각비

지난 시간에는 닮음삼각형에 대하여 알아봤어요. 나보다 먼저 세상에 태어난 그리스의 수학자 탈레스Thales B.C. 624~B.C. 546 는 자신이 짚고 다니던 지팡이 하나만으로 피라미드의 높이를 측정하였다고 합니다.

피라미드의 그림자와 지면에 수직으로 세워 둔 지팡이의 그림자의 길이를 이용하였다는데 이는 지난 시간에 내가 닮음삼각형

을 이야기할 때 이용했던 방법과 같은 것입니다.

한 예각의 크기가 같은 직각삼각형에서 대응하는 두 변의 길이의 비, 즉 삼각비가 일정하다는 것을 이용하여 피라미드의 높이를 잴 수 있었던 겁니다. 이처럼 삼각비를 배우게 되면 실제로 측정하기 힘든 나무나 탑의 높이, 산의 높이 등과 호수 사이의 거리나 강의 길이 등 우리가 직접 자를 이용하여 높이나 거리를 구할 수 없는 경우에 매우 유용하게 사용할 수 있습니다. 그럼, 삼각비를 배우고 나서 63빌딩의 높이를 재기 위하여 여의도에 가 볼까요? 자신 있나요?

여러분, 그러기 전에 간단하게 삼각비가 어떤 것인지 알아보도록 합시다. 아래 그림에서 다음의 값을 구할 수 있는지 생각해 보고 구할 수 있으면 그 값을 구해 보도록 합시다. $\overline{BB'}$와 $\overline{CC'}$의 값은 얼마일까요?

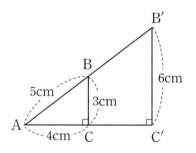

삼각형 ABC와 삼각형 AB′C′는 직각삼각형이고, 각 A가 공통이므로 닮음삼각형이 됩니다. 따라서, $\dfrac{\overline{BC}}{\overline{AB}} = \dfrac{\overline{B'C'}}{\overline{AB'}}$ 일 때,

$\dfrac{3}{5} = \dfrac{6}{\overline{AB'}}$ 이므로 $\overline{AB'} = 10$이 됩니다.

마찬가지 방법으로 다른 변의 길이를 구하면 $\dfrac{\overline{AC}}{\overline{AB}} = \dfrac{\overline{AC'}}{\overline{AB'}}$ 일 때, $\dfrac{4}{5} = \dfrac{\overline{AC'}}{10}$ 이므로 $\overline{AC'} = 8$이 됨을 알 수 있습니다. 그러므로, $\overline{BB'} = 5\text{cm}$이고 $\overline{CC'} = 4\text{cm}$입니다.

이때, 자가 없어도 삼각형의 길이를 구할 수 있게 됩니다.

사람이란 늘 고정관념을 가질 수 있습니다. 한번 보고 나면 바로 그것이 모두 옳고 다른 것은 틀리다는 생각을 하게 됩니다. 직각삼각형이 앞의 그림과 같은 경우만 존재하는 것이 아니라는 것을 기억하세요. 뒤에 삼각비에 대한 설명을 할 때 다시 언급하겠지만, 삼각형에서 한 각이 90°이면 그 삼각형은 무조건 직각삼각형이 되는 것입니다. 모양이 어떻게 되든 한 각이 직각을 이루면 직각삼각형이라 합니다.

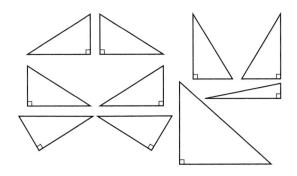

앞의 그림들을 보면 알 수 있듯이 어떤 한 각이 90°가 되면 직각삼각형이 된다는 것을 알 수 있습니다. 여기서 직각이 아닌 한 각을 기준각으로 결정하였을 때, 기준각의 크기가 같은 직각삼각형은 항상 닮음삼각형이 되고, 그때 삼각비의 값은 언제나 같음을 알 수 있습니다.

그럼, 직각삼각형 ABC의 삼각비를 알아보도록 할까요?

동네 놀이터에 있는 놀이기구를 보면 그네도 있고 시소도 있고 미끄럼틀도 있죠. 어느 놀이기구를 제일 좋아하나요. 우리 가현이가 제일 좋아하는 놀이기구 중 미끄럼틀을 보면 직각삼각형이 있어요. 이러한 미끄럼틀에서 수학의 즐거움을 찾는다면 더 좋지 않을까요?

가현이가 즐겨 노는 미끄럼틀을 보면 삼각비를 알 수 있어요. 그럼 삼각비가 무엇을 말하는 것일까요?

삼각비란 직각삼각형의 변의 길이를 이용하여 삼각형의 변의 길이, 각의 크기 등을 구하기 위하여 고안된 것입니다. 다른 삼각형에서는 성립이 안 되고 반드시 직각삼각형에서 성립한다는 것을 기억하세요.

미끄럼틀을 보면서 이야기를 계속할게요. 위의 그림에서 미끄럼틀을 직각삼각형으로 만들면 다음 그림과 같이 ∠C를 직각으로 하는 직각삼각형을 만들 수 있어요.

또, ∠A, ∠B, ∠C의 크기를 각각 A, B, C라 하고, 각각의 대변대변이란 각과 마주보는 변을 말하는 겁니다.^^의 길이를 a, b, c라고 할 때, 각 A, B, C와 변 a, b, c를 모두 묶어 삼각형의 6요소라고 합니다. 삼각형은 이렇게 6가지 요소가 있다는 뜻이지요.

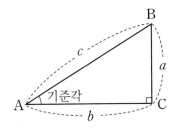

이제 삼각비에 대하여 알아보도록 해요.

미끄럼틀에 계단이 없고 미끄럼틀의 위에서 밑으로 내린 밧줄이 있는 이상한 미끄럼틀이 있다고 가정해 봅시다. 사실 이런 미끄럼틀은 위험하겠죠.

미끄럼틀과 지면이 이루는 각을 A라 할 때, 미끄럼틀 위에서 땅에 내린 밧줄의 길이를 a, 미끄럼틀로부터 밧줄까지의 길이를 b, 미끄럼틀의 길이를 c로 정의해 봅시다.

이때, 각 A를 기준각이라 하고 각 A에 대한 삼각비를 구하는 것입니다.

첫 번째로, 아래 그림과 같이 개구쟁이 가현이가 미끄럼틀을 타고 내려오지 않고 거꾸로 미끄럼틀을 기어 올라가서 밧줄을 타고 밑으로 내려오는 과정을 삼각비로 나타내면 sin사인이라고 합니다. sin이란 높이를 빗변으로 나눈 경우를 말합니다.

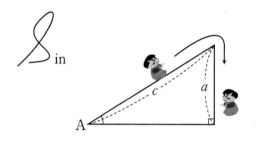

즉, $\sin A = \dfrac{높이}{빗변} = \dfrac{a}{c}$로 정의하고 '사인 에이'라고 읽습니다. 이때, sine을 줄여서 sin이라고 하고, A는 ∠A의 크기를 나타낸 것이며 기준각이 됩니다.

두 번째로, 다음 그림과 같이 가현이가 미끄럼틀을 타고 내려와 다시 미끄럼틀을 타기 위해 밧줄까지 가는 과정을 삼각비로 나타내면 cos코사인이라고 합니다. cos이란 밑변을 빗변으로 나눈 경우를 말합니다.

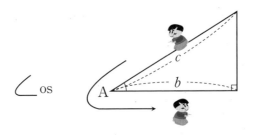

즉, $\cos A = \dfrac{밑변}{빗변} = \dfrac{b}{c}$ 로 정의하고, '코사인 에이'라고 읽습니다. 이때, cosine을 줄여서 cos라고 나타냅니다.

마지막으로 아래 그림과 같이 가현이가 미끄럼틀의 끝에서 밧줄이 있는 곳까지 가서 밧줄을 타고 미끄럼틀로 올라가는 과정을 삼각비로 나타내면 tan탄젠트라고 할 수 있습니다. tan란 밑변을 높이로 나눈 경우를 말합니다. 그런데 정말 이런 미끄럼틀은 위험한 미끄럼틀이죠?

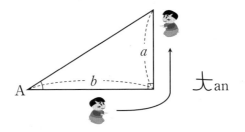

즉, $\tan A = \dfrac{높이}{밑변} = \dfrac{a}{b}$ 로 정의하고, '탄젠트 에이' 라고 읽습

니다. 이때, tangent를 줄여서 tan이라고 합니다.

여기서 sin, cos, tan는 각각 sine, co−sine, tangent를 줄여서 기호화한 것입니다. 이때, 이렇게 만들어진 것을 ∠A에 대한 삼각비라고 합니다.

자, 지금까지 공부한 내용이 어려우니까 다시 한 번 정리해 볼까요?

$$\sin A = \frac{높이}{빗변} = \frac{a}{c}, \cos A = \frac{밑변}{빗변} = \frac{b}{c}, \tan A = \frac{높이}{밑변} = \frac{a}{b}$$

그런데 직각삼각형에 따른 삼각비가 꼭 위에서 보여준 것만 가능한 것은 아닙니다. 앞에서 말했듯이 "아~ 저런 직각삼각형인 경우만 삼각비가 존재하는 구나"라고 생각하기 쉬운데 직각삼각형에서 기준각이 결정되면 어떤 모양이라도 삼각비를 결정할 수 있습니다.

그래서 삼각비를 결정하는 각을 기준각이라고 하면 다음과 같이 쉽게 기준각과 높이를 결정할 수 있습니다. 기준각과 높이를 알게 되면 삼각비를 쉽게 구할 수 있으니까요.

한 직각삼각형에서 직각의 위치를 확인하고 마주보는 각을 찾

으면 그 각이 기준각이 되고 기준각과 마주보는 변을 찾으면 그
변이 바로 높이가 되는 겁니다.

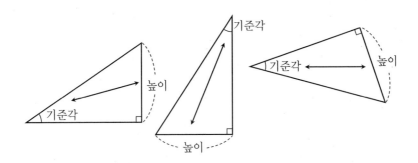

따라서 직각삼각형이 어떤 형태로 되어 있든 직각이 되는 각을
이용하여 기준각과 높이를 구하면 나머지 변에서 빗변과 밑변을
쉽게 구할 수 있습니다.

▨30°, 45°, 60°의 삼각비의 값

이제 삼각비의 값 중에서 30°, 45°, 60°에 대한 값을 구해 보도
록 하겠습니다.

그런데 삼각비의 값을 구하기 위해서는 피타고라스의 정리에
대해 알고 있으면 좋습니다. 그래서 잠시 피타고라스의 정리를

간단하게 설명할게요.

피타고라스Pythagoras B.C. 582?~B.C. 497?는 만물의 근원을 수로 보았다고 합니다. 과학자이자 수학자인 케플러Kepler 1571~1630가 "기하학에는 두 개의 보물이 있다. 하나는 피타고라스의 정리이고, 또 하나는 선분의 중외비이다. 첫 번째는 금에, 두 번째는 귀중한 보석으로 비유할 수 있다"라고 했을 만큼 피타고라스의 정리를 매우 중요하게 생각했습니다. '피타고라스의 정리'는 피타고라스학파가 기원전 6세기에 사원의 바닥에 있던 직각삼각형과 정사각형으로 이루어진 타일 모양을 보고 생각해냈다고 합니다.

피타고라스의 정리를 알아보면, 직각삼각형에서 직각을 끼고 있는 두 변의 길이를 각각 a, b라 하고 빗변의 길이를 c라 할 때, 다음 식이 성립합니다.

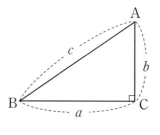

$$a^2 + b^2 = c^2$$

프톨레마이오스가 들려주는 삼각비 1 이야기

이것을 풀어서 말하면, '직각삼각형에서 빗변의 길이의 제곱은 나머지 두 변의 길이의 제곱의 합과 같다'는 것입니다.

이때, 피타고라스의 정리를 이용하여 특수각에 대한 삼각비를 구해 보도록 합시다. 여기서 30°, 45°, 60°의 값을 특수각이라 말하는데, 이 특수각에 대한 삼각비의 값을 이해하면 다른 삼각비의 값을 좀 더 쉽게 이해할 수 있게 되죠. 이때, 각이 결정되면 삼각형의 크기에 무관하게 삼각비는 항상 같은 값으로 고정되어 있음을 알 수 있어요.

먼저 한 변의 길이가 1인 정사각형으로 되어 있는 색종이를 꺼내어 대각선으로 잘라 보면 대각선의 길이는 $\sqrt{2}$가 됩니다.

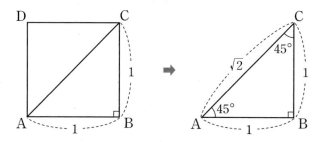

그런데 여러분께서는 $\sqrt{2}$루트 2라는 수를 알고 있나요? $\sqrt{2}$는 무리수로서, 약 1.414가 되는 수입니다. 이때, 정사각형을 ABCD라 할 때, 직각삼각형은 나누어진 직각삼각형 ABC가 됩니다. 그리고 ∠CAB는 45°가 됨을 알 수 있어요.

따라서, 45°의 삼각비를 구하면 $\sin 45° = \dfrac{\text{높이}}{\text{빗변}} = \dfrac{1}{\sqrt{2}}$, $\cos 45° = \dfrac{\text{밑변}}{\text{빗변}} = \dfrac{1}{\sqrt{2}}$, $\tan 45° = \dfrac{\text{높이}}{\text{밑변}} = \dfrac{1}{1} = 1$이 된답니다.

이번에는 빗변의 길이가 2, 높이가 1 그리고 밑변이 $\sqrt{3}$루트 3≒1.732인 직각삼각형에서 삼각비를 구해 볼까요?

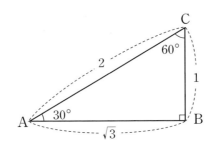

위의 그림에서 ∠CAB는 30°가 됨을 알 수 있어요. 따라서, 30°의 삼각비는 $\sin 30° = \dfrac{\text{높이}}{\text{빗변}} = \dfrac{1}{2}$, $\cos 30° = \dfrac{\text{밑변}}{\text{빗변}} = \dfrac{\sqrt{3}}{2}$, $\tan 30° = \dfrac{\text{높이}}{\text{밑변}} = \dfrac{1}{\sqrt{3}}$ 이 된답니다.

그리고, 다시 60°의 삼각비를 구하면, $\sin 60° = \dfrac{\text{높이}}{\text{빗변}} = \dfrac{\sqrt{3}}{2}$, $\cos 60° = \dfrac{\text{밑변}}{\text{빗변}} = \dfrac{1}{2}$, $\tan 60° = \dfrac{\text{높이}}{\text{밑변}} = \sqrt{3}$이 됩니다.

이것을 표로 정리해 보면 아래에 있는 표와 같은 삼각비를 구할 수 있습니다.

삼각비　　　각	30°	45°	60°
$\sin A$	$\dfrac{1}{2}$	$\dfrac{1}{\sqrt{2}}$	$\dfrac{\sqrt{3}}{2}$
$\cos A$	$\dfrac{\sqrt{3}}{2}$	$\dfrac{1}{\sqrt{2}}$	$\dfrac{1}{2}$
$\tan A$	$\dfrac{1}{\sqrt{3}}$	1	$\sqrt{3}$

그래서 30°, 45°, 60°의 각에 따르는 삼각비의 값을 구할 수 있습니다. 어려운 내용을 정리했으니 꼭 기억하면 좋겠죠?

그런데 여러분이 오해하기 쉬운 것은 위의 각은 특수각이라는 것입니다. 특수각이란 30°, 45°, 60°와 같이 삼각비의 값을 쉽게 나타낼 수 있는 각을 말합니다. 그러나 삼각비란 특수각만 존재하는 것이 아니고, 10°, 55°, 83° 등과 같이 0°에서 90° 사이의 어떤 각이라도 삼각비를 만들 수 있다는 것을 꼭 기억해 주기 바람니다. 따라서 sin10°, cos55°, tan83° 등 많은 삼각비가 존재합니다. 그러므로, 각 A가 결정되면 그 각에 따른 삼각비는 항상 일정한 값으로 결정됩니다.

삼각비표는 0°에서 90°까지 sin, cos, tan의 값을 차례로 나열하였으므로 찾고자 하는 각에 sin, cos, tan를 일치시키면 어떤 각이라도 쉽게 찾을 수 있습니다.

그럼 오늘 배운 것을 퀴즈로 내 볼게요. 얼마나 기억하고 있는지 ☐ 안에 답을 넣어 보세요.

수현 : 자~ 직각삼각형에서 빗변에 대한 높이의 값을 나타내는 것이 무엇일까?

윤희 : 아하! 그건 바로 ⬚ 이지.

수현 : 음, 제법인걸. 그렇다면 $\sin 30° + \cos 60°$의 값은 얼마일까? 힌트를 주면 두 개의 값은 모두 분모에 2가 있어.

윤희 : 꽤 어려운걸. $\sin 30°$는 ⬚ 인데, $\cos 60°$는 얼마가 되나? 아! 알았다. $\sin 30° + \cos 60°$의 값은 ⬚ 이 되겠네.

수현 : 그렇다면 이번에는 직각삼각형에서 밑변에 대한 높이의 값을 나타내는 것으로, 그 이름이 t로 시작하는 것은 무엇일까?

윤희 : 하하! 너무 쉬운걸! 그건 바로 ⬚ 이지.

수현 : 정말 설명을 잘 들었구나. 조금 더 생각해야 되는 문제로 0°에 대한 사인, 코사인, 탄젠트의 값을 모두 더하면 얼마가 될까?

윤희 : 아까는 두 개의 값을 물어 보더니 이제는 세 개의 값을 한꺼번에 물어 보네. 0°에 대한 세 개의 값이라면 $\sin 0° + \cos 0° + \tan 0°$이니까 답은 ⬚ 이 맞지?

수현 : 그래. 아주 잘 대답했어. 마지막으로 사인 값과 코사인 값이 같은 예각의 크기는 몇 도가 될까? 힌트를 주면 30°보다 크고 60°보다 작은 각이야!

윤희 : 아! 알았다. 30°보다 크고 60°보다 작은 각으로 사인 값과 코사인 값이 같은 예각의 크기는 ☐가 맞지?

수현 : 와~ 100점이네. 정말 설명을 잘 들었구나.

정답은 옆면 하단에 있습니다.

자! 그러면 0°, 90°의 삼각비의 값은 다음 시간에 자세하게 설명해 드릴게요. 그렇지만 값은 알고 다음 시간에 공부하는 것이 더 효율적이기에 지금은 어떤 값이 나오는지 잠시 알아보고 이번 시간을 마칠까 해요.

$\sin 0° = 0$, $\cos 0° = 1$, $\tan 0° = 0$이 되고, $\sin 90° = 1$, $\cos 90° = 0$, $\tan 90°$가 되는데 $\tan 90°$의 값은 없네요? $\tan 90°$의 값은 정할 수 없는 값입니다. 즉, $\tan 90°$의 값은 무한히 커지는 값이 되므로 정할 수 없어요. 자세한 이야기는 다음 시간에 설명할게요.

이번 시간에는 삼각비의 정의와 삼각비의 값에 대하여 알아보았으니까 다음 시간에는 단위원에서 삼각비의 값에 대하여 알아보도록 합시다.

수업 정리

❶ 어떤 한 각이 직각이고 직각이 아닌 한 각을 기준각으로 결정하였을 때, 기준각의 크기가 같은 직각삼각형은 항상 닮음삼각형이 되고, 그때 삼각비의 값은 항상 같습니다.

❷ 삼각형 ABC에서 각 A, B, C와 변 a, b, c를 모두 묶어 삼각형의 6요소라고 합니다.

❸ sin, cos, tan는 각각 sine, co−sine, tangent를 줄여서 기호화한 것입니다. 이때, 이렇게 만들어진 것을 ∠A에 대한 삼각비라고 합니다.

$$\sin A = \frac{\text{높이}}{\text{빗변}}, \quad \cos A = \frac{\text{밑변}}{\text{빗변}}, \quad \tan A = \frac{\text{높이}}{\text{밑변}}$$

❹ 삼각비의 특수각의 값

각 삼각비	30°	45°	60°
$\sin A$	$\dfrac{1}{2}$	$\dfrac{1}{\sqrt{2}}$	$\dfrac{\sqrt{3}}{2}$
$\cos A$	$\dfrac{\sqrt{3}}{2}$	$\dfrac{1}{\sqrt{2}}$	$\dfrac{1}{2}$
$\tan A$	$\dfrac{1}{\sqrt{3}}$	1	$\sqrt{3}$

3교시

좌표평면의
사분면

사분면이란 무엇인지 알아보고,
단위원에서의 삼각비에 대해서 알아봅니다.

1. 평면에서 사분면이 어떻게 나누어진 것인지, 사분면의 개념을 알 수 있습니다.

2. 좌표평면에서 단위원 위에서의 특수각에 대한 삼각비의 값이 어떻게 만들어졌는지 알 수 있습니다.

미리 알면 좋아요

단위원 반지름의 길이가 1인 원을 단위원이라 합니다.

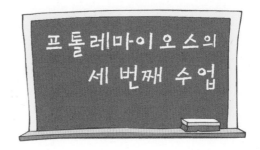

프톨레마이오스의
세 번째 수업

▨ 좌표평면의 사분면

지난 시간에는 삼각비의 정의와 삼각비의 값에 대하여 알아보았죠. 이번 시간에는 좌표평면에 대해 알아보고 좌표평면에서 제1사분면에 나타난 단위원에서의 삼각비가 각의 변화에 따라 어떻게 변하는지 알아보겠습니다.

아침마다 잠에 취해 비몽사몽 헤매고 있는 여러분의 모습을 생

각해 보세요. 아침식사를 준비해 놓고 여러분이 등교시간에 늦지
않게 준비하시는 어머니의 모습. 그런데 그렇게 바쁜 아침시간,
늦게까지 침대에 누워 조용히 명상을 가졌던 사람이 있습니다.
17세기 근대 수학의 기수이자 철학자이기도 한 데카르트
Descartes 1596~1650라는 사람이 바로 그 사람이죠. 그는 우리에
게 "나는 생각한다. 고로 나는 존재한다"라는 말로 유명합니다.
바로 그 데카르트가 좌표평면을 만들었다고 하네요. 침대에 누워
창문에 있던 파리를 발견하고 파리의 위치를 나타내는 일반적인
방법을 찾으려고 애쓰다 '좌표'라는 개념을 생각해내게 되었다
고 합니다.

그럼, 이제부터 좌표평면을 나누는 방법에 대해 알아보도록 하겠습니다.

가현이, 인혜, 은비는 혜경이의 생일을 맞아 혜경이를 데리고 피자집에 갔습니다. 피자집에 네모난 피자가 있다고 해서 주문을 했더니 정말 네모난 피자가 나왔네요! 마침, 네 조각이 나왔으니 한 조각씩 사이좋게 나누어 먹으면 되겠죠!

그런데 이런 생각이 들었어요. 네 조각의 피자를 좌표평면으로 나타내면 어떻게 될까? 음~ 좌표평면이라고 했으니까 이렇게 표현할 수 있답니다. 먼저 피자에 그림과 같이 x축, y축을 그리고 그 위에 혜경이, 가현이, 인혜 그리고 은비라는 네 개의 면으로 나눕니다. 이때 나누어진 조각에 이름을 써 놓고 그 이름을 따라 좌표평면도 이름을 만들 수 있어요. 혜경이는 제1사분면, 가현이는 제2사분면, 인혜는 제3사분면 그리고 은비는 제4사분면이라고 합시다. 사분면이란 이처럼 좌표평면을 네 개의 면으로 나누어 나누어진 면에 각각 제1사분면, 제2사분면, 제3사분면, 제4사분면으로 나타내는 것을 말합니다.

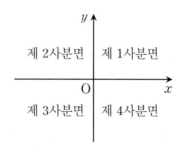

즉, $0°$에서 $90°$의 각이 있는 사분면을 제1사분면, $90°$에서 $180°$의 각이 있는 사분면을 제2사분면, $180°$에서 $270°$의 각이

프톨레마이오스가 들려주는 삼각비 1 이야기

있는 사분면을 제 3사분면, 270°에서 360°의 각이 있는 사분면을
제 4사분면이라 해요.

제 1사분면을 기준으로 시계가 움직이는 반대 방향으로 사분면
의 이름이 결정되어 있음을 알 수 있습니다.

▨단위원을 이용한 삼각비의 정의

몰라보게 불어난 살을 빼기 위해 달리기를 시작한 예현이는 매

일 1시간 동안 4km를 달린 결과 한 달 만에 5kg이나 살이 빠지는 기쁨을 맛보았답니다. 여기서 우리가 알 수 있는 몇 가지 것은 달린 거리를 나타내는 km, 무게를 나타내는 kg 등의 단위는 어떤 길이나 크기 등을 나타낼 때 비교의 기준이 된다는 것입니다. 어떤 길이든 무게든 표현할 때는 단위의 몇 배임을 밝혀 표현하는데 계산할 때 편리하도록 몇 개의 기본 단위를 이용하여 유도 단위를 다양하게 만들어 사용합니다. 앞에서 배웠던 좌표평면에 반지름의 길이가 $\frac{1}{2}$, 1, $\frac{3}{2}$인 원을 그려볼까요?

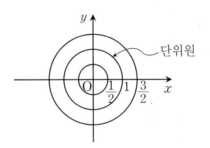

이때, 반지름의 길이가 1인 원을 단위원이라고 합니다. 그러니까 원의 기준이 되는 원이 됩니다. 단위원에서 삼각비의 값이 어떻게 나타나는지 알아봅시다.

제1사분면에서 단위원 위에 점 A를 잡았을 때, 점 A의 좌표를 $A(x, y)$라 하고 점 A에서 x축에 수직으로 선을 내려서 만나는 점을 B라 하고, 원점 O에 또 다른 직선을 그으면 직각삼각형 OBA가 됩니다. 이때, 만들어진 직각삼각형을 이용하여 지난 시간에 배웠던 삼각비를 구할 수 있어요.

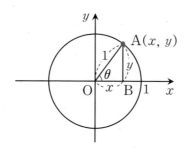

지난 시간에 배웠던 삼각비를 다시 한번 기억해 보면 $\sin\theta = \dfrac{\text{높이}}{\text{빗변}}$, $\cos\theta = \dfrac{\text{밑변}}{\text{빗변}}$, $\tan\theta = \dfrac{\text{높이}}{\text{밑변}}$ 라고 했던 것을 기억하시죠?

그렇다면 $\sin\theta = \dfrac{\text{높이}}{\text{빗변}} = \dfrac{y}{1} = y$, $\cos\theta = \dfrac{\text{밑변}}{\text{빗변}} = \dfrac{x}{1} = x$, $\tan\theta = \dfrac{\text{높이}}{\text{밑변}} = \dfrac{y}{x}$가 된다는 것을 알 수 있습니다. 여기서 새로운 식을 하나 만들 수 있어요. $\tan\theta = \dfrac{\text{높이}}{\text{밑변}} = \dfrac{y}{x}$이고, 이때, $\sin\theta = y$, $\cos\theta = x$이므로 x, y 대신 $\cos\theta$, $\sin\theta$를 사용하여

$\tan\theta$를 나타내면 $\tan\theta = \dfrac{\text{높이}}{\text{밑변}} = \dfrac{y}{x} = \dfrac{\sin\theta}{\cos\theta}$ 의 값을 만들 수 있어요.

이제 $\tan\theta$의 값도 간단하게 나타내는 방법을 알아봐요. 아래 그림에서 우선 점 A에서 연장선을 긋고 점 B′에서 수선을 그어 만나는 점을 A′이라 하면 $\tan\theta = \dfrac{\text{높이}}{\text{밑변}} = \dfrac{y'}{1} = y'$로 나타낼 수 있어요.

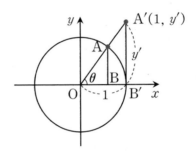

그래서 삼각비를 간단하게 x, y의 값으로 나타낼 수 있기에 단위원을 이용하여 삼각비를 구하면 쉽게 값을 구할 수 있게 됩니다. 따라서 $\sin\theta = y$, $\cos\theta = x$, $\tan\theta = y'$의 값으로 간단하게 나타낼 수 있게 되었죠.

지난 시간에 30°, 45°, 60°의 삼각비 값을 구해 보았는데 0°, 90°의 삼각비 값만 알아보고 설명하지는 않았어요. 지난 시간에

프톨레마이오스가 들려주는 삼각비 1 이야기

배우지 않았던 0°, 90°의 삼각비 값을 구해 보도록 해요.

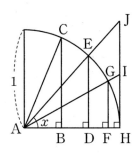

제1사분면에 위의 그림과 같이 단위원 내부에 삼각형 ABC, 삼각형 ADE, 삼각형 AFG와 선분 AH에 수직이 되는 선분 HJ를 그어 삼각형 AHJ를 나타내었어요.

이때, 삼각형이 이루는 각이 예각0°보다 크고 90°보다 작은 각일 때, 예각의 삼각비에서 각이 작아질수록 삼각비의 값이 어떻게 변하는지 알아봅시다.

예각의 삼각비에서 각이 점점 작아지게 되면, $\sin x$의 값은 $\overline{BC}$ → $\overline{DE}$ → $\overline{FG}$로 점점 작아지고, $\cos x$의 값은 $\overline{AB}$ → $\overline{AD}$ → $\overline{AF}$로 점점 커지고 있으며, $\tan x$의 값은 $\overline{HJ}$ → $\overline{HI}$로 점점 작아지는 것을 알 수 있어요.

∠x의 크기가 0°에 가까워지면, sin$x$⟶0, cos$x$⟶1, tan$x$
⟶0에 가까워지게 되므로, sin0°＝0, cos0°＝1, tan0°＝0의
삼각비의 값을 갖게 됩니다. 아직 무슨 말인지 이해하기 힘들죠?

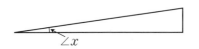

∠x가 한없이 작아지면 높이도 한없이 작아지므로
∠x가 0°이면 높이도 0이 된다.

　간단하게 다시 설명하면 sin$x$의 값은 주어진 단위원에서 삼각
형의 높이에 해당하므로 ∠x의 크기가 0°에 가까워지면 높이가
없어지게 됩니다. 그리고 그때의 값은 0입니다. 따라서 sin0°＝0
인 값이 되는 겁니다. 또한 cos$x$의 값은 단위원에서 삼각형의 밑
변에 해당하므로 ∠x의 크기가 0°에 가까워지면 밑변의 길이는
단위원의 반지름의 길이와 같아지게 되므로 그때의 값은 1이 됩
니다. 따라서 cos0°＝1인 값이 됩니다.

　그런데 tan$x$의 값은 밑변의 길이가 1인 삼각형의 높이에 해당
하므로 sin$x$와 같이 삼각형의 높이에 해당됩니다. ∠x의 크기가
0°에 가까워지면 높이가 없어지게 되므로 그때의 값은 0이 됩니

프톨레마이오스가 들려주는 삼각비 1 이야기

다. 따라서 $\tan 0°=0$이 됩니다.

이제 반대로 예각의 삼각비의 각이 커질 경우 삼각비의 값이 어떻게 변하는지 알아봅시다.

예각의 삼각비에서 각이 점점 커지면, $\sin x$의 값은 $\overline{FG} \to \overline{DE} \to \overline{BC}$로 점점 커지고, $\cos x$의 값은 $\overline{AF} \to \overline{AD} \to \overline{AB}$로 점점 작아지고 있으며 $\tan x$의 값은 $\overline{HI} \to \overline{HJ}$로 점점 커지는 것을 알 수 있어요.

이때, $\angle x$의 크기가 90°에 가까워지면, $\sin x \to 1$, $\cos x \to 0$, $\tan x \to$ 무한에 가까워지게 되므로, $\sin 90°=1$, $\cos 90°=0$의 삼각비의 값을 갖게 됩니다.

거의 90°에 가까운 값이면 높이는 1이 된다.

그런데 tan90°의 값은 무한히 커지므로 값을 정할 수 없습니다. 따라서 tan90°의 값은 알 수 없습니다.

간단히 다시 설명하면 $\sin x$의 값은 주어진 단위원에서 삼각형의 높이에 해당하므로 $\angle x$의 크기가 90°에 가까워지면 높이가 단위원의 반지름의 길이와 같아지므로 그때의 값은 1이 됩니다. 따라서 $\sin 90° = 1$인 값이 되는 겁니다. 또한 $\cos x$의 값은 단위원에서 삼각형의 밑변에 해당하므로 $\angle x$의 크기가 90°에 가까워지면 밑변의 길이는 없어지므로 그때의 값은 0이 됩니다. 따라서 $\cos 90° = 0$인 값이 됩니다.

그런데 tan90°의 값은 $\tan 90° = \dfrac{\sin 90°}{\cos 90°} = \dfrac{1}{0}$이 되는데 분모에 0이 있으면 분수의 값을 정할 수 없게 되므로 tan90°의 값은 없게 되는 겁니다.

각 삼각비	0°	90°
$\sin A$	0	1
$\cos A$	1	0
$\tan A$	0	∞

프톨레마이오스가 들려주는 삼각비 1 이야기

오늘 배운 내용을 자세히 보면 단위원에서 각이 작아짐에 따라 삼각비의 값이 어떻게 변하는지 각이 커짐에 따라 삼각비의 값이 어떻게 변하는지 알아보았어요. 그럼 이런 삼각비의 값이 어디에 활용되는지 알아보도록 하겠습니다.

여행은 늘 가슴 뛰고 설레는 마음을 가지게 하는 요술상자 같은 겁니다. 먼 바다를 향해 마음껏 소리치려고 떠나는 여행도 있고, 산의 포근함과 하나의 산을 정복했다는 만족감을 가질 수 있는 여행도 있고, 가족과 함께하는 즐거운 여행도 있습니다.

여행을 떠날 때 주로 이용하는 것이 무엇일까요? 자동차가 아니면 기차를 이용하여 여행을 하게 됩니다. 자동차로 한참을 달리다 보면 언덕길도 나오고 내리막길도 나오고 꼬불꼬불한 길도 나올 것이고.

여러분은 길을 가다 이런 표지판을 본 적이 있나요? 아마 유심히 관찰하지 않았다면 무심코 지나치기 쉬울 것이기도 합니다. 그런데 중요한 것은 바로 이 표지판에도 삼각비가 활용되고 있다는 사실입니다.

그런데 표지판을 보면 10%가 보이고 화살표로 어디를 올라가는 듯한 느낌을 줍니다. 무슨 표지판이냐면 경사로를 나타내는 표지판입니다. 오르막길의 경사가 얼마나 되는지를 알려주어 안전운전을 유도합니다.

프톨레마이오스가 들려주는 삼각비 1 이야기

경사로 표지판은 두 가지로 나누어 나타냅니다. 첫 번째가 도로 경사 표지판이고 두 번째가 선로 경사 표지판입니다. 선로란 기찻길을 말합니다.

우선 도로의 경사도를 나타내는 표지판에 대하여 설명할게요.

도로의 기울어진 정도를 나타내는 도로의 경사도는 삼각비의 tan를 이용하여 계산합니다.

도로의 경사각이 A일 때 도로의 경사도는 다음과 같이 계산합니다.

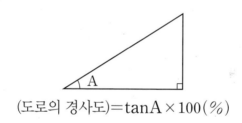

(도로의 경사도)$=\tan A \times 100(\%)$

즉, 오르막 도로에서 경사도가 5%라는 뜻은 수평으로 100m 움직일 때, 높이가 5m 높아진다는 뜻입니다. $\tan A = \dfrac{5}{100}$일 때, 도로의 경사도$=\tan A \times 100(\%) = \dfrac{5}{100} \times 100(\%) = 5\%$ 가 되는 겁니다.

오른쪽 그림과 같은 표지판은
경사도가 10%인 오르막 도로와
내리막 도로를 뜻하는 것입니다.
즉, 수평으로 100m 움직일 때, 높이가 10m가 되는 것을 의미
합니다.

두 번째로, 기차가 다니는 선로의 기울기는 자동차 도로와는
다르게 천분율‰로 나타냅니다. 자동차는 언덕길을 잘 올라가지
만 기차의 경우는 높은 언덕을 올라가기가 매우 힘듭니다. 그래
서 도로의 경사도와는 다르게 계산하는 것입니다. 선로의 경사도
에서 경사각이 A인 선로의 경사도는 다음과 같이 계산합니다.

$$(선로의 경사도) = \tan A \times 1000 (‰)$$

경사도가 5‰인 선로는 수평으로 1000m 움직일 때, 높이가
5m 증가하거나 감소한다는 뜻입니다. 자동차 도로와 다르게 선
로의 경사도를 천분율로 나타내는 또 다른 이유는 정밀도를 높이
기 위해서라고 합니다.

이제 여러분이 여행을 떠날 때 자동차로 가거나 기차로 갈 때 차창 밖에 있는 표지판 중에 오르막 표지판 또는 내리막 표지판을 보고 경사가 얼마나 되는 도로인지 알 수 있을 것이라 생각합니다.

▨ 단위원에서 $\sin^2 x + \cos^2 x = 1$의 값

기원전 140년경에 살았던 히파르코스Hipparchos B.C. 160?~B.C. 125?는 천동설이라는 것을 주장하였는데 천동설이란 지구 주위로 태양이나 별을 포함한 행성들이 돌고 있다는 주장입니다. 나도 이 천동설을 주장했는데요. 지금은 비록 천동설이 틀렸다는 것이 과학적으로 밝혀진 상태이지만 그 오랜 옛날 나는 천동설 덕택에 삼각비의 관계식인 $\sin^2 x + \cos^2 x = 1$을 알아낼 수 있었답니다. 실은 나는 이 식을 추측했던 것이고, 이를 정확하게 구한 사람은 505년경에 살았던 천문학자 바라하미히라Varāhamihira라는 사람입니다.

그럼, 지금부터 $\sin^2 x + \cos^2 x = 1$이 어떤 식인지 알아보겠습니다.

원이란 무엇일까요? 사람의 눈동자도 동그랗고, 자동차 바퀴도 동그랗고, 지구도 동그랗고, 축구공도 동그랗죠? 이처럼 원은 우리가 살고 있는 생활 주변에 두루 존재하고 쉽게 찾아 볼 수 있는 도형입니다. 이런 원에 대하여 알고 싶어 했던 것은 동서양을 막론하고 고대인에서부터 현대인에 이르기까지 끊임이 없었습니다. 인류의 문명이 급속도로 발전하는 원동력이 된 것도 바로 동그란 바퀴의 발명 이후라고 하네요.

게다가 고대인들은 원이 특별한 의미를 지닌다고 생각했어요.

프톨레마이오스가 들려주는 삼각비 1 이야기

그래서 원을 신이 만든 가장 완전한 도형으로 생각했다고 하네요. 오래전 이집트에서는 원의 성질이 아주 많이 연구되었고, 그 신비성에 대해 깊은 관심을 보였다고 합니다.

원의 신비한 성질은 일상생활 속에서도 많이 경험할 수 있어요. 잔잔한 호수에 돌을 던지면 동그랗게 원이 만들어 퍼져 나가고, 종이 위에 잉크를 떨어뜨리면 원형 모양의 얼룩이 생기게 됩니다. 여러분이 가지고 노는 비눗방울도 원이고, 기름을 칠한 프라이팬 위에 떨어진 물방울도 원 모양이 되지요.

원이란 어느 한 점에서 일정한 거리를 유지하면서 움직인 점이 그린 그 평면 위에 있는 닫혀 있는 도형을 말합니다. 이때, 어느 한 점이 원의 중심이 되고 일정한 거리가 원의 반지름이 됩니다.

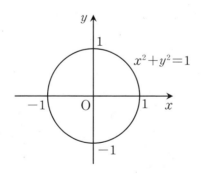

원의 중심을 좌표평면의 원점에 올려놓고 반지름이 1인 원을 그리면 위의 그림과 같은 원이 되네요.

위의 그림에 나오는 원의 방정식을 $x^2+y^2=1$이라고 합니다. 앞에서 배웠던 1사분면에서의 삼각비 $\sin\theta=\dfrac{높이}{빗변}=\dfrac{y}{1}$, $\cos\theta=\dfrac{밑변}{빗변}=\dfrac{x}{1}=x$를 다시 한번 기억해 보세요.

원의 방정식 $x^2+y^2=1$에 x, y 대신 $\cos\theta$, $\sin\theta$을 대입하여 정리하면 $(\cos\theta)^2+(\sin\theta)^2=1$이 되고 $\sin$과 $\cos$을 바꿔 쓰면 $(\sin\theta)^2+(\cos\theta)^2=1$이 되네요. 그런데 $(\sin\theta)^2$을 사용하면 불편하겠죠? 그래서 $(\sin\theta)^2$을 간단히 $\sin^2\theta$로 표현하면 $(\sin\theta)^2$과 $\sin^2\theta$은 같은 값이 됩니다. 따라서 $(\cos\theta)^2$도 $\cos^2\theta$으로 바꾸어 쓰면, $(\sin\theta)^2+(\cos\theta)^2=1$을 $\sin^2\theta+\cos^2\theta=1$로 바꾸어 나타낼 수 있게 됩니다.

자, 이제부터는 머리를 식힐 겸 삼각비를 우리나라 말로 어떻게 번역해서 나타내는지 알려 줄게요. 그냥 영어로 말하는 것이 편하고 좋겠지만 그래도 우리나라 말로 이렇게 불린다는 것도 알면 좋을 거라 생각합니다.

sine의 우리말 번역은 '정현' 이라고 합니다. 아래 그림과 같이 중심이 O이고 반지름이 1인 원 위의 점 A에서 $\overline{AO}$와 각 t를 이루는 현 AB를 긋고, 점 A에서 $\overline{OB}$에 내린 수선의 발을 H라고 하면 $\overline{AH}=\sin t$가 됩니다. 따라서 sine의 우리말 번역을 '정현' 이라고 합니다.

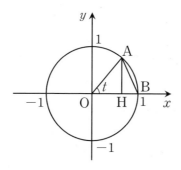

또한 Cosine의 우리말 번역은 '여현' 이라고 합니다. 이것은 $\cos(90°-t)=\sin t$에서 sin의 여각이 cosine이므로 여현이라고 이름 붙인 것입니다.

끝으로 tagent는 '정접' 으로 번역 가능합니다. 간혹 '접선' 이라고 번역하는 경우도 있는데, 이것은 접선의 기울기를 나타내기 때문이라고 합니다.

정말 많은 것을 공부하였습니다. 다음 시간에는 삼각비를 이용

하여 삼각형의 넓이를 구하는 방법을 배우겠습니다.

프톨레마이오스가 들려주는 삼각비 1 이야기

수업 정리

1 사분면이란 좌표평면을 네 개의 면으로 나누어 나누어진 면에 각각 제1사분면, 제2사분면, 제3사분면, 제4사분면으로 나타내는 것을 말합니다.

제 2사분면	제 1사분면
제 3사분면	제 4사분면

2 삼각비는 반지름의 길이와는 상관없이 늘 일정합니다. 따라서 반지름의 길이가 1인 단위원을 이용하면 삼각비를 아래 식과 같이 간단하게 구할 수 있습니다.

$$\sin\theta = \frac{\text{높이}}{\text{빗변}} = \frac{y}{1} = y,\ \cos\theta = \frac{\text{밑변}}{\text{빗변}} = \frac{x}{1} = x,\ \tan\theta = \frac{\text{높이}}{\text{밑변}} = \frac{y}{x}$$

❸ 단위원에서 반지름의 길이가 1이므로 원의 방정식을 구하면 $x^2+y^2=1$이 됩니다. 이때, 원의 방정식 $x^2+y^2=1$에 x, y 대신 $\cos\theta$, $\sin\theta$을 대입하여 정리하면 $(\cos\theta)^2+(\sin\theta)^2=1$이 되고 이를 다시 정리하면 $\sin^2\theta+\cos^2\theta=1$로 바꾸어 나타낼 수 있게 됩니다.

삼각형의 넓이

삼각비를 이용하여 삼각형의 넓이를 구해 봅니다.

삼각형에서 두 변과 끼인각을 알면 삼각형의 넓이를 구할 수 있습니다.

미리 알면 좋아요

끼인각 두 변 사이의 각을 끼인각이라 합니다.

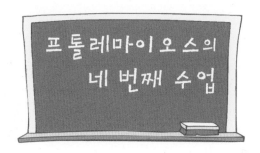

■ 삼각형의 넓이 $S=\dfrac{1}{2}ab\sin C$

옛날 옛날에 흥부와 놀부가 살았

데요. 가난하지만 착하게 살았던

흥부는 어느 날 구렁이 때문에 집

에서 떨어져 다리를 다친 제비 새

끼를 보았습니다. 흥부는 마음이 아파 제비의 다리를 정성껏 고

쳐 주었고, 이런 흥부의 마음에 감사함을 느낀 제비는 그해 가을

강남으로 갔다 다음해 봄 다시 돌아와 박씨를 물어다 주었답니다. 흥부는 박씨를 정성껏 땅에 심었는데 그것이 무럭무럭 자라 나중에는 지붕이 내려앉을 만큼 커졌습니다. 흥부는 박을 타서 껍질은 바가지를 만들어 시장에 팔고 속은 먹기 위해 장만하였습니다. 첫 번째 박에서는 금은보화가 한없이 쏟아져 나왔고, 두 번째 박에서는 많은 곡식이 나왔습니다. 세 번째 박에서는 많은 일꾼과 삼각비 형제가 나와 흥부의 집도 새로 만들어 주고, 흥부의 재산을 관리하여 흥부를 아주 큰 부자로 만들어 주었답니다. 이에 욕심이 난 놀부는 흥부에게 어떻게 부자가 되었는지 물어 보고 제비의 다리를 부러뜨려 날려 보낸 다음해에 제비가 물어다 준 박씨를 심었어요. 시간이 흘러 놀부도 커다랗게 익은 박을 타서 큰 부자가 되겠다는 기대를 품게 되었지요. 그런데 놀부의 박에서는 마음씨 나쁜 놀부의 재산을 모두 가져가려고 여러 괴물들이 나왔답니다. 그때 넓이 괴물이 나타나 놀부의 땅을 보고 넓이를 계산하라고 했어요.

괴물 : 놀부야, 네가 가지고 있는 땅이 어떤 모양인지 소상하게
　　　 말하거라.

프톨레마이오스가 들려주는 삼각비 1 이야기

놀부 : 제가 가지고 있는 땅에는 직사각형 땅, 직각삼각형 땅, 마름모 땅, 삼각형 땅이 있습니다.

괴물 : 그럼 네가 가지고 있는 땅의 넓이가 얼마인지 구할 수 있으면 네 땅을 가지고 가지 않으마. 그러나 그 땅의 넓이를 구하지 못하면 네가 가진 모든 땅과 재산을 가지고 갈 것이다.

놀부 : 직사각형의 넓이는 두 변의 길이를 곱하면 구할 수 있고, 직각삼각형의 넓이도 두 변의 길이를 곱하여 2로 나누면 구할 수 있고, 마름모의 넓이도 대각선의 길이를 곱하여 2로 나누면 되는데…… 삼각형 모양의 땅 넓이는 어떻게 구하는 거죠? 높이를 모르는데 엉엉~

이때, 마음씨 착한 흥부가 자신의 재산을 관리하는 삼각비 형제를 데리고 나타났어요.

흥부 : 아이고~ 형님. 걱정하지 마세요. 여기 삼각비 형제가 문제를 해결해 줄 겁니다.
놀부 : 고맙네~ 아우. 이제는 정말 착하게 살 거야. 내가 가지고 있는 땅은 예각삼각형의 땅과 둔각삼각형의 땅이 있어. 삼각형의 땅의 넓이를 구해 줘.

삼각비 형제는 어떻게 높이를 알지 못하는 삼각형의 넓이를 구할 수 있었을까요?
우선 삼각비 형제가 의논을 합니다.

프톨레마이오스가 들려주는 삼각비 1 이야기

코사인 : 나는 높이를 구하는 데 아무런 도움을 주지 못해 미안하네.

탄젠트 : 나는 직각삼각형의 밑변의 길이를 알아야 높이를 구하는데. 이런 경우에는 나는 도움을 줄 수 없는걸.

사인 : 그렇다면 내가 직접 해결하는 수밖에!

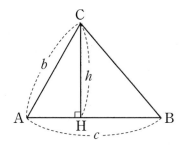

놀부가 가진 땅의 세 점을 A, B, C라 하면 ∠A가 예각인 삼각형 ABC가 됩니다. 이때, 꼭짓점 C에서 대변 AB에 수직으로 직선 CH를 그리면 수선 CH의 길이가 h인 직각삼각형 CAH가 되겠죠. 따라서 삼각비 형제들 중에서 사인을 이용하여 계산하면, $\sin A = \dfrac{h}{b}$가 되고, 높이 h를 구하면 $h = b\sin A$가 됩니다.

따라서 삼각형의 밑변과 높이를 알았으므로 삼각형의 넓이를 구하면 $\triangle \mathrm{ABC} = \dfrac{1}{2}ch = \dfrac{1}{2}bc\sin A$가 됩니다. 그래서 예각삼각형의 넓이를 구할 수 있었답니다.

놀부는 놀라움에 기쁨을 감추지 못하다가 갑작스레 다시 실망하는 눈빛을 지으며,

놀부 : 그런데 둔각삼각형의 땅의 넓이는 어떻게 구하지?
흥부 : 아, 걱정하지 마세요. 삼각비 형제가 둔각삼각형 땅의 넓이도 구해 줄 겁니다.

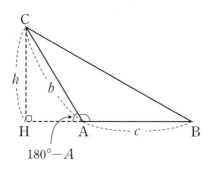

놀부가 가진 땅의 세 점을 A, B, C라 하면 ∠A가 둔각인 삼각형 ABC가 됩니다. 이때, 꼭짓점 C에서 대변 AB의 연장선에 수직으로 직선 CH를 그리면 수선 CH의 길이가 h인 직각삼각형 CHA가 되겠죠. 이때, 직각삼각형 CHA에서 ∠

CAH $=180°-A$가 되므로 삼각비 형제들 중에서 사인을 이용하여 계산하면, $\sin(180°-A)=\dfrac{h}{b}$가 되고 높이 h를 구하면 $h=b\sin(180°-A)$가 됩니다.

따라서, 삼각형의 밑변과 높이를 알았으므로 삼각형의 넓이를 구하면 $\triangle \mathrm{ABC}=\dfrac{1}{2}ch=\dfrac{1}{2}bc\sin(180°-A)$가 됩니다.

그래서 놀부는 흥부의 도움으로 재산을 잃지 않고 착한 일을 많이 하면서 살았다고 합니다.

여러분도 삼각형의 넓이를 구하여 부자가 되면 좋겠죠!

놀부의 땅 중에 구하기 힘들었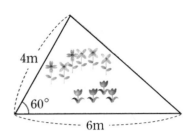
던 두 가지 모양의 땅을 구해 볼
까요? 먼저 두 변이 4m와 6m
이고, 끼인각이 60°인 오른쪽 그
림과 같은 꽃밭이 있어요. 이 꽃밭의 넓이를 삼각비 형제는 이런
방법으로 구했어요.

우선 끼인각이 예각이므로 삼각형의 넓이를 구하는 공식에 대
입하면 쉽게 삼각형의 넓이를 구할 수 있었어요.

$$S = \frac{1}{2} \times 4 \times 6 \times \sin 60° = \frac{1}{2} \times 4 \times 6 \times \frac{\sqrt{3}}{2} = 6\sqrt{3}$$

두 번째로 두 변이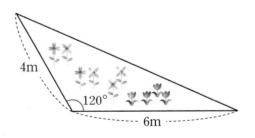
4m와 6m이고, 끼인각
이 120°인 오른쪽 그림
과 같은 꽃밭이 있었어
요. 놀부는 자신이 가지고 있는 땅 중에서 가장 구하기 힘들다고
했던 꽃밭이지만 삼각비 형제는 다음과 같은 방법으로 구했어요.

프톨레마이오스가 들려주는 삼각비 1 이야기

앞의 방법과 같은 경우이지만 이번에는 끼인각이 둔각이므로 다른 공식을 이용하는 것을 잘못 생각할 수 있지만 삼각형의 넓이를 구하는 공식에 대입하면 쉽게 삼각형의 넓이를 구할 수 있었어요. 그런데 sin60°는 sin120°와 같은 값이 된다는 것을 알면 쉽게 구할 수 있지만 그렇지 않으면 정말 구하기 힘든 모양입니다.

우선 오른쪽 그림에서 높이를 구하기 위하여 삼각비 형제들 중 사인이 다음과 같이 높이를 구했어요.

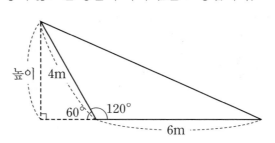

$\sin(180° - 120°) = \dfrac{(높이)}{4}$ 가 되므로 높이를 구하면 $(높이) = 4 \times \sin(180° - 120°) = 4 \times \sin60°$가 됩니다.

따라서, 구하는 꽃밭의 넓이는 $S = \dfrac{1}{2} \times 4 \times 6 \times \sin120° = \dfrac{1}{2} \times 4 \times 6 \times \sin60° = \dfrac{1}{2} \times 4 \times 6 \times \dfrac{\sqrt{3}}{2} = 6\sqrt{3}$입니다.

이번 시간에는 마음씨 착한 흥부와 욕심쟁이 놀부의 이야기를 재구성하여 삼각형의 넓이를 구하는 방법을 알아보았어요. 다음 시간에는 삼각비의 활용에 대하여 알아보도록 하죠.

❶ 삼각형의 넓이는 두 변과 끼인각만 알면 구하고자 하는 삼각형이 예각삼각형이거나 직각삼각형 또는 둔각삼각형이라도 식 $S=\dfrac{1}{2}ab\sin C$를 이용하여 구할 수 있습니다.

❷ 둔각인 경우에 예각으로 바꾸는 방법은 $S=\dfrac{1}{2}ab\sin C$의 공식에서 $S=\dfrac{1}{2}ab\sin(180°-C)$의 공식을 이용하면 쉽게 삼각형의 넓이를 구할 수 있습니다.

건물의 높이 구하기

30cm 자로 63빌딩의 높이를 구하러 갑시다.

다섯 번째 학습 목표

1. 주변에 있는 나무의 높이나 건물의 높이를 구할 수 있습니다.

2. 건물이나 호수 등 측정이 힘든 곳의 길이를 구할 수 있습니다.

미리 알면 좋아요

수선의 발 직선 위에 있지 않은 한 점에서 직선에 수직으로 선을 그어 만나는 선을 직선의 수선의 발이라 합니다.

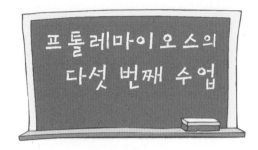

프톨레마이오스의
다섯 번째 수업

거리를 나가 보면 많은 건물과 자동차 그리고 많은 사람들이
다니는 것을 볼 수 있어요. 한강의 유람선을 바라보며 하늘 높이
떠 있는 구름과 멀리 보이는 산을 보면서 여러분은 이런 생각을
하신 적이 없나요? 내가 다니고 있는 학교의 높이는 얼마나 될
까? 강의 길이는 얼마일까? 지구와 태양 사이의 거리는 얼마나
될까? 하는 생각들을 해본 적이 있나요? 그런데 과연 거리나 높
이나 길이를 재려고 하면 그만큼 긴 자가 필요한데……

과연 그런 자가 있을까요?

만약 그런 자가 있다면 높은 산은 어떻게 잴 수 있을까요? 하늘에 떠 있는 연의 높이는? 지구와 태양 사이의 거리는? 강은 헤엄쳐서 건너가 길이를 잴까요?

이런 모든 걱정은 다 접어 두고, 지금부터 내가 설명하는 것을 잘 듣고 여러분이 직접 길이를 구해 봅시다.

▨ 건물의 높이 구하기

학교 운동장에서 놀던 혜경이는 학교 건물의 높이를 재고 싶었어요. 어떻게 구할 수 있을까하는 생각을 하면서 아래 그림과 같이 학교 건물에서 20m 떨어진 지점에서 학교 건물의 꼭대기를 올려다 본 각을 측정하였더니 60°였습니다. 그런데 혜경이의 눈높이는 지상으로부터 1.5m에 위치하고 있다고 하네요. 어떻게 학교 건물의 높이를 구할 수 있을까요?

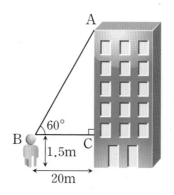

우선 그림에서처럼 학교 건물의 꼭대기를 A라 하고 혜경이의 눈높이를 B, 혜경이의 눈높이와 평행하게 건물에 닿는 부분을 C라 하면 직각삼각형 ABC가 되겠죠? 이때, 직각삼각형 ABC에서 ∠B=60°를 기준각으로 하면 $\overline{BC}$=20m는 밑변이 되고,

$\overline{AC}$는 높이가 되므로 $\tan 60° = \dfrac{\overline{AC}}{20}$, $\overline{AC} = 20\tan 60° =$ $20 \times \sqrt{3}$이죠. 이때, $\sqrt{3} \fallingdotseq 1.732$로 계산하면 $\overline{AC} = 20 \times \sqrt{3} =$ 34.64가 됩니다.

그런데 여기에 지현이의 눈높이를 더해야 학교 건물의 높이가 나오게 되므로, 학교 건물의 높이는 $34.64 + 1.5 = 36.14$m가 된다는 것을 알 수 있습니다.

이제 마음껏 거리에 나가서 나무의 높이와 건물의 높이 그리고 하늘 높이 떠 있는 연의 높이를 잴 수 있겠죠! 이번 휴일에는 30cm자 하나 들고 63빌딩 높이를 재러 갈까요?

프톨레마이오스가 들려주는 삼각비 1 이야기

▨지구와 태양 사이의 거리

  나에게 대선배님인 고대 그리스의 수학자이자 천문학자인 아리스타르코스Aristarchos B.C. 310? ~ B.C. 230?는 지구에서 태양까지의 거리를 계산했습니다. 그 옛날 인공위성이나 천체망원경, 우주탐사선도 없이 지구와 태양 사이의 거리를 구했다는 사실은 정말이지 놀라운 일이 아닌가요?

  지구에서 태양까지의 거리를 계산하기 위해서는 두 가지 조건이 있어야 합니다. 첫째 조건은 지구가 완전한 구의 모양을 하고 있어야 한다는 것이고, 두 번째 조건은 달이 완전한 반달이어야 한다는 것입니다.

  앞의 두 조건이 만족하면 태양, 달, 지구를 연결하여 만든 삼각형이 직각삼각형이 됩니다. 태양, 달, 지구가 직각삼각형이 될 때, 지구에서 태양과 달 사이를 바라본 각의 크기가 $89.85°$임을 알 수 있습니다.

  아리스타르코스는 지구에서 달까지의 거리가 240000마일이라는 것을 알고 있었다고 합니다. 이때, 우리가 지금까지 공부한 삼각비를 이용하여 지구에서 태양까지의 거리를 구하였다고 합니다. 참! 1마일은 약 1.609km이니까 지구에서 달까지의 거리는 약 384,404km가 되지요.

자, 그렇다면 이처럼 엄청난 계산을 할 때에는 삼각비를 어떻게 이용하는 것이 좋을까요?

프톨레마이오스가 들려주는 삼각비 1 이야기

아리스타르코스가 지구에서 태양까지의 거리를 어떻게 구하였
는지 아래 그림을 이용하여 설명할게요.

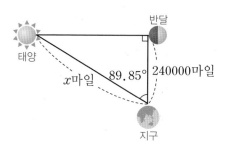

지구에서 달을 바라볼 때, 반달이 되면 지구와 달, 달과 태양이
수직을 이루게 됩니다. 지구와 달까지의 거리는 240000마일이
고, 지구와 달, 지구와 태양 사이의 각이 89.85°가 될 때, 지구에
서 태양까지 거리를 x라 하면 직각삼각형에서 삼각비를 이용할
수 있게 됩니다.

따라서, 오른쪽 그림과 같은 직각삼각형에서
89.85°에 대하여 x는 빗변이고 밑변의 길이는
240000마일이므로, $\cos 89.85° = \dfrac{240000}{x}$, 그
러므로 $x = \dfrac{240000}{\cos 89.85°}$ 입니다.

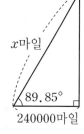

삼각비 표를 이용하여 $\cos 89.85°$의 값을 구하면

cos89.85°≒0.002618이죠. 위의 값을 실제로 계산해 보면 약 91673351.94마일 정도가 됩니다. 지구에서 태양까지 계산한 거리를 km로 환산하면 약 147502423.27km가 됩니다.

물론, 현대 과학으로 실제 측정한 값은 약 150000000km라고 합니다. 아리스타르코스가 구한 거리와는 약간의 오차가 있지만, 당시의 기술과 과학 수준으로, 지구가 완벽한 원이 아니 타원임을 감안한다면 상당히 정확하게 계산했다고 볼 수 있습니다.

▨ 삼 각 패 스 의 거 리

축구의 기본은 패스에 있어요. 지난 2002년 한·일 월드컵에서도 2006년 독일 월드컵에서도 선수 간에 공을 주고받으며 득점의 기쁨을 가지게 하였던 가장 기본적인 기술이 바로 패스입니다. 그 중에서도 삼각 패스는 패스의 꽃이라 할 수 있죠. 삼각 패스란 세 명의 선수가 상대방 선수를 가운데 두고 서로에게 삼각형을 그리듯 패스하는 모습에서 이름을 딴 것입니다.

우리 친구들도 운동장에서 마음껏 축구를 하면서 친구들과 우정을 쌓아가고 있겠죠?

우용이, 지현이, 민길이가 서로 삼각 패스를 하고 있네요.

프톨레마이오스가 들려주는 삼각비 1 이야기

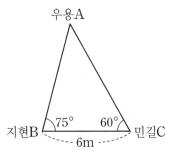

지현이와 우용이가 75°의 각을 이루고 있고 민길이와 우용이
는 60°의 각을 이루고 있으며 윤호와 민길이는 6m의 거리를 이
루고 있네요. 이때 우용이와 지현이 사이의 거리를 구해 볼까요?

　　우용이를 A, 지현이를 B, 민길이를 C라고 한다면 공의 움직
임은 삼각형 ABC가 될 수 있습니다. 이때, 삼각형 내각의 합은
180°임을 생각해 볼 때, 우용이가 이루는 $\angle A = 45°$가 됨을 알
수 있습니다. 그리고 B에서 변 AC에 수직으로 선을 그어 만나
는 점을 H가 되게 하면 아래와 같습니다.

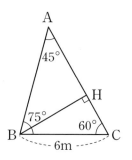

　　삼각형 ABC에서 $\sin 60° = \dfrac{\overline{BH}}{6}$이 되고, $\overline{BH} = 6\sin 60° = 6$
$\times \dfrac{\sqrt{3}}{2} = 3\sqrt{3}$이 됩니다. 이때, 삼각형 ABH에서 $\angle A = 180° -$
$(75° + 60°) = 45°$이므로, $\sin 45° = \dfrac{3\sqrt{3}}{AB}$이 되고, 따라서

$$\overline{AB}=3\sqrt{3}\times\frac{1}{\sin45°}=3\sqrt{3}\times\sqrt{2}=3\sqrt{6}$$이 됩니다.

그러므로, 우용이와 지현이와의 거리는 $3\sqrt{6}=3\times2.45=$
7.35m$\sqrt{6}=2.45$입니다.

▨대형 스크린의 높이 구하기

2002년 한·일 월드컵과 2006년 독일 월드컵에서의 우리나라 응원은 세계에서도 보기 드문 광경이었습니다. 그때 우리 국민들은 가슴 벅찬 감동을 느꼈죠. 대형 스크린에 비치는 선수들의 땀방울 하나하나가 모두 우리 국민들의 염원 같이 뜨거웠습니다.

조금 전에는 지현이가 학교 건물 높이를 구하였는데 이번에는 다른 방법으로 고층 건물에 있는 대형 스크린의 높이를 구해 볼 수 있습니다.
대형 스크린을 인혜와 혜원이가 오른쪽

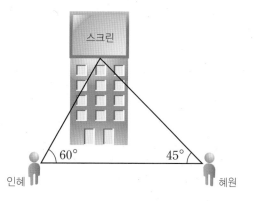

그림과 같이 올려 보고 있다고 합시다. 인혜가 올려다 본 각의 크기는 60°이고, 혜원이가 올려다 본 각의 크기는 45°입니다. 인혜와 혜원이 사이의 거리는 50m이고, 인혜와 혜원이의 키는 생각하지 않기로 할 때, 지면에서 대형 스크린까지의 높이를 구해 봅시다.

인혜를 점 A, 혜원이를 점 B, 그리고 대형 스크린을 점 C라고 할 때, 점 C에서 선분 AB에 수직으로 선을 그리면 선분 AB와 만나는 점을 H라고 정하죠. 이때, 점 C에서 선분 AB에 수직으로 선을 그리는 것을 '수선의 발'이라고 합니다. 그러면 선분 CH를 h라고 표현할 수도 있겠죠.

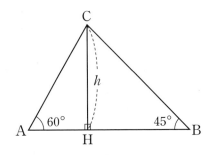

$\triangle$CAH에서 $\angle$ACH$=180°-(60°+90°)=30°$가 되므로,

$\tan 30° = \dfrac{\overline{\mathrm{AH}}}{h}$ 에서 선분 AH의 길이를 구하면 $\overline{\mathrm{AH}} = h\tan 30° = \dfrac{\sqrt{3}}{3}h$가 됩니다. 또한, $\triangle \mathrm{CHB}$에서 $\angle \mathrm{BCH} = 180° - (45° + 90°) = 45°$가 되므로, $\tan 45° = \dfrac{\overline{\mathrm{BH}}}{h}$에서 선분 BH의 길이를 구하면 $\overline{\mathrm{BH}} = h\tan 45° = h$가 됩니다.

이때, $\overline{\mathrm{AH}} + \overline{\mathrm{BH}} = \overline{\mathrm{AB}}$이므로 $\dfrac{\sqrt{3}}{3}h + h = 50$, $\left(\dfrac{\sqrt{3}}{3} + 1\right)h = 50$, $\dfrac{\sqrt{3}+3}{3}h = 50$이 됩니다. 높이 h의 값은 $h = 50 \times \dfrac{3}{3+\sqrt{3}} = 50 \times \dfrac{3(3-\sqrt{3})}{(3+\sqrt{3})(3-\sqrt{3})} = 25(3-\sqrt{3}) = 75 - 25\sqrt{3} ≒ 31.7(\mathrm{m})$입니다. 이때, $\sqrt{3} ≒ 1.732$로 계산하면 31.7m가 됩니다.

▨위험지역 길이 구하기

영화 '괴물'을 보셨나요? 이 영화는 우리에게 많은 감동을 주었으며, 잃어버린 가족애를 다시금 깨닫게 하였습니다. 영화 속에서 괴물은 한강 다리 아래 보금자리를 마련해 두고 그곳에 가까이 다가오는 사람들을 모조리 다 잡아 갔죠. 자, 그럼 우리 여기서는 영화 속에 나온 괴물 출몰 위험지역의 길이를 한번 구해 볼까요?

오른쪽 그림과 같이 위험지역의 길이를 구하고 싶은데, 직접 자를 들고 들어갈 수는 없는 곳의 경우 어떤 방식으로 넓이를 구할 수 있는지 살펴보겠습니다.

우선, A라는 지점에서 위험 지역의 양 끝을 바라본 각을 재었더니 60°였고, A지점에서 위험지역의 양 끝까지의 거리가 각각 100m와 150m가 나

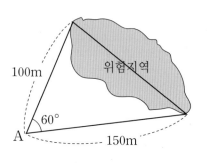

왔다고 합니다. 그럼 과연 위험지역의 길이는 얼마나 되는지 알아볼까요?

위험지역의 양끝을 점 B와 점 C라 하면 점 B에서 선분 AC에 수선을 그어 선분 AC와 만나는 점을 H라 하면, △BAH에서 $\sin 60° = \dfrac{\overline{BH}}{100}$ 이므로, $\overline{BH} = 100 \times \sin 60° = 100 \times \dfrac{\sqrt{3}}{2} = 50\sqrt{3}$ 이 됩니다. 또한 $\cos 60° = \dfrac{\overline{AH}}{100}$ 이므로, $\overline{AH} = 100 \times \cos 60° = 100 \times \dfrac{1}{2} = 50$ 이 됩니다. 따라서 $\overline{CH} = \overline{AC} - \overline{AH} = 150 - 50 = 100$ 가 되므로, △BHC에서 피타고라스의 정리를 이용하여 선분 BC의 길이를 구하면 됩니다.

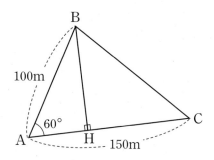

따라서, 우리가 구하고자 하는 위험지역의 길이는
$$\overline{BC}=\sqrt{\overline{BH}^2+\overline{CH}^2}=\sqrt{(50\sqrt{3})^2+100^2}=50\sqrt{7}(m)$$ 입니다.

우리는 지금까지 삼각비에 대하여 알아보았습니다. 여러분에게 많은 도움이 되었으면 하는 바람이고 앞으로 삼각비를 공부할 때 프톨레마이오스를 더 많이 생각해 주었으면 합니다. 그리고 무엇보다 삼각비가 우리 일상생활에 많이 활용되고 적용되는 것을 기억하고 보다 더 열심히 공부하여 최선을 다하는 학생들이 되기를 바라는 마음입니다. 감사합니다.

❶ 한 변의 길이와 끼인각을 아는 경우에 건물의 높이를 구할 수 있습니다. 건물의 높이를 구할 때 자신이 서 있는 위치에서 건물까지 거리를 구한 후, 건물 꼭대기를 바라본 각을 구하면 $\tan A = \dfrac{\overline{BC}}{\overline{AB}} = \dfrac{높이}{밑변}$ 이므로 높이는 $\tan A \times (밑변) = (높이)$ 이기 때문에 건물의 높이를 구할 수 있습니다.

❷ 두 각의 크기와 두 각 사이 변의 길이를 알 때 나머지 변의 길이를 구할 수 있습니다. 이때 삼각비와 제곱근의 값을 알아야 하므로 삼각비의 표와 제곱근의 표를 미리 알고 있어야 합니다.

❸ 두 변의 길이와 끼인각을 알 때, 사인과 코사인을 이용하여 나머지 변의 길이를 구할 수 있습니다.